So[illegible]aly
Mahamadou Abdou
Kadiatou Dao

Évaluation de la qualité des examens bactériologiques des méningites

Souleymane Coulibaly
Mahamadou Abdou
Kadiatou Dao

Évaluation de la qualité des examens bactériologiques des méningites

Diagnostic de la méningite bactérienne

Presses Académiques Francophones

Impressum / Mentions légales
Bibliografische Information der Deutschen Nationalbibliothek: Die Deutsche Nationalbibliothek verzeichnet diese Publikation in der Deutschen Nationalbibliografie; detaillierte bibliografische Daten sind im Internet über http://dnb.d-nb.de abrufbar.

Information bibliographique publiée par la Deutsche Nationalbibliothek: La Deutsche Nationalbibliothek inscrit cette publication à la Deutsche Nationalbibliografie; des données bibliographiques détaillées sont disponibles sur internet à l'adresse http://dnb.d-nb.de.

Coverbild / Photo de couverture: www.ingimage.com

Verlag / Editeur:
Presses Académiques Francophones
ist ein Imprint der / est une marque déposée de
OmniScriptum GmbH & Co. KG
Heinrich-Böcking-Str. 6-8, 66121 Saarbrücken, Deutschland / Allemagne
Email: info@presses-academiques.com

Herstellung: siehe letzte Seite /
Impression: voir la dernière page
ISBN: 978-3-8381-4871-7

Evaluation de la qualité des examens bactériologiques dans la surveillance des méningites

Décembre 2011

Sommaire

REMERCIEMENTS

Au terme de ce travail nous adressons nos vifs remerciements :

Au corps professoral de WA-FELTP ;

A l'état de Burkina Faso, pour les efforts consentis à nos formations ;

Aux superviseurs de WA-FELTP ;

A nos camarades promotionnels de la 1ère cohorte de WA-FELTP 2010 – 2012 ;

A tout le personnel de l'INRSP.

DEFINITION OPERATIONNELLE DES TERMES

Cas suspect : Toute personne présentant une fièvre apparue subitement (>38,5°C de température rectale ou 38,0°C de température axillaire) et l'un des signes suivants : raideur de la nuque, conscience altérée ou autre signe méningitique (Ministère de la santé du Mali/OMS/CDC, 2008).

Cas probable :Tout cas suspect chez qui le LCR est d'aspect macroscopique louche, trouble, purulent ou xanthochromique ou la présence de diplocoques Gram négatif, diplocoques Gram positif, bacilles Gram négatif, bacilles Gram positif à l'examen microscopique, ou si le compte de leucocytes est supérieur à 10 cellules/mm^3.

Cas confirmé : Tout cas suspect ou probable chez qui l'agent causal (*Neisseria meningitidis, Streptococcus pneumoniae*, *Haemophilus influenzae b…)* a été mis en évidence par PCR ou par culture du sang ou du LCR (OMS/ Ministère santé, 2010).

Prélèvements adéquats : Ce sont des prélèvements pour les quels les conditions de conservation et de transport ont été respectées.

Prélèvements non adéquats : Ce sont des prélèvements pour lesquels les conditions de conservation et de transport n'ont pas été respectées.

Délai de transport : C'est l'intervalle entre la date de collecte et la date de réception.

Seuil d'alerte : Le seuil d'alerte est défini par un taux d'attaque de 5 cas pour 100 000 habitants par semaine, pour des agglomérations dont la population est comprise entre 30 000 et 100 000 habitants.

Le seuil d'alerte est défini par une incidence de 2 cas en une semaine ou une augmentation du nombre de cas comparativement aux années non-épidémiques antérieures, pour les agglomérations de moins de 30 000 habitants.

Seuil épidémique : Le seuil épidémique est défini par un taux d'attaque de 10 cas pour 100 000 habitants par semaine, pour des agglomérations dont la population est comprise entre 30 000 et 100 000 habitants. Pour une agglomération de moins de 30 000 habitants : une incidence de 5 cas en une semaine ou un dédoublement du nombre de cas au cours de 3 semaines consécutives (OMS/CDC/ Ministère de la santé, 2000).

Selon le guide de bonne exécution des analyses (GBEA) les termes suivants se définissent comme suit :

Qualité : la qualité est l'aptitude d'un produit, d'un procédé ou d'un service rendu, à satisfaire les besoins exprimés et implicites de l'utilisateur.

Dans le domaine de la biologie médicale, c'est l'adéquation entre les moyens mis en œuvre et les informations attendues par le médecin prescripteur, ainsi que la réponse aux attentes du patient.

Analyses de biologie médicale : Les analyses de biologie médicale sont les examens biologiques qui concourent au diagnostic, au traitement ou à la prévention des maladies humaines ou qui font apparaître toute autre modification de l'état physiologique, à l'exclusion des actes d'anatomie et de cytologie pathologiques exécutés par les médecins spécialistes de cette discipline.

Echantillon biologique : échantillon obtenu par recueil ou acte de prélèvement et sur lequel vont être effectuées une ou plusieurs analyses de biologie médicale.

Traçabilité : Mécanisme permettant de conserver les traces des analyses de biologie médicale, des contrôles effectués et les mesures correctives.

Evaluation : Etude des qualités d'un procédé, d'une technique ou d'un instrument permettant d'en préciser les caractéristiques et l'adaptation au but recherché.

Conformité: satisfaction d'une exigence

Non-conformité : Non satisfaction des exigences spécifiées.

Evaluation externe de la qualité (E.E.Q.) : également connu sous le nom de contrôle externe de qualité, l'E.E.Q. correspond au contrôle, par un organisme extérieur, de la qualité des résultats fournis par un laboratoire.

Contrôle de qualité interne (C.Q.I.) : ensemble des procédures mises en œuvre dans un laboratoire en vue de permettre un contrôle de la qualité des résultats des analyses au fur et à mesure de leur exécution (Union Européenne/Fondation Mérieux/Ministère de la santé du Mali, 2008).

LISTE DE STYLES, ACRONYMES ET ABREVIATIONS

AFRO : Bureau OMS pour la région Afrique

ATCC : American Type Culture Collection

BGN : Bacille Gram négatif

CA-SFM : Comité d'antibiogramme de la société française de microbiologie

CC : Complex Clonal

CCOMS : Centre collaborateur de l'organisation mondiale de la santé

CDC: Centers for Disease Control and Prevention

CGP: Cocci Gram positif

Cm : Centimètre

CMI : Concentration minimale inhibitrice

CO2: dioxyde de carbone

CQI : Contrôle de qualité interne

CSCOM: Centre de Santé Communautaire

DGN : Diplocoque Gram négatif

DGP : Diplocoque Gram positif

DNS : Direction Nationale de la Santé

EEQ : Evaluation Externe de la Qualité

EPST : Etablissement public à caractère scientifique et technologique

FELTP: Field epidemiology and Laboratory Training Programme

G : Gramme

GAVI : Alliance mondiale pour les Vaccins et la Vaccination

GBEA : Guide de bonne exécution des analyses

H : Heure

Hib : *Haemophilus influenzae* b

HTIC : Hypertension intracrânienne

INRSP : Institut National de Recherche en Santé Publique

IM : Intra musculaire

ISO : Organisation internationale de Normalisation

IV : Intra veineux

Kg : Kilo gramme

LCR : Liquide Céphalo-Rachidien

LNR : Laboratoire National de Référence

MBA : Méningite Bactérienne Aiguë

MCS : Méningite Cérébrospinale

MenAfriVac : Nouveau vaccin conjugué anti meningococcique A

Mg : Milli gramme

MH_2 : Mueller Hinton2

Ml : Millilitre

Mm^3 : Milli mètre cube

Mn: Minute

MVP: Meningitis Vaccine Project

N: *Neisseria*

N°: Nu méro

NICD : National Institute for Communicables Diseases (Institut National des Maladies Transmissibles)

Nm: *Neisseria meningitidis*

OMS : Organisation Mondiale de la Santé

ORL : Oto-rhino-laryngologie

PCR : Polymerase Chain Reaction

PEV: Programme Elargi de la Vaccination

PL : Ponction Lombaire

POS : Procédures opérationnelles standard

SCC : Surveillance Cas par Cas

SIMR : Surveillance intégrée de la maladie et la riposte

SPn : *Streptococcus pneumoniae*

SSE : Système de Surveillance Epidémiologique

ST : Séquence Type

Strep B : Streptocoque groupe B

TSA: Trypticase-soja

TI : trans-Isolate

RNL : Réseau national de laboratoire

WA-FELTP: West Africa Field epidemiology and Laboratory Training Programme

µg : Microgramme

% : Pourcentage

/ : Par

> : Supérieur

>= Supérieur ou égal

<= Inférieur ou égal

°C : Degré Celsius

LISTE DES TABLEAUX

LISTE DES FIGURES

PREMIERE PARTIE: GENERALITES

I. Introduction

Les méningites bactériennes sont des infections des membranes (méninges) et du liquide céphalorachidien (LCR); elles sont une cause majeure de décès et d'incapacités dans le monde. Passée la période périnatale, trois bactéries, dont la transmission se fait d'homme à homme par les sécrétions respiratoires sont responsables de la plupart des méningites bactériennes : *Neisseria meningitidis*, *Streptococcus pneumoniae* et *Haemophilus influenzae.* L'étiologie des méningites bactériennes varie avec l'âge et la géographie (Porpovic et al, 1999). Elles se manifestent par une fièvre, des céphalées, des vomissements, des frissons, des troubles de conscience, une photophobie, le bombement de la fontanelle chez les nourrissons et une raideur de la nuque (Kanté, 2008).

Au Mali, d'énormes progrès ont été réalisés dans le cadre de la surveillance de la méningite, depuis la saison épidémique 2001-2002, suite à la mise en œuvre de la stratégie de surveillance intégrée de la maladie et la riposte (SIMR) et l'application des Procédures Opérationnelles Standard (POS) pour la surveillance renforcée de la méningite. Ainsi dans la surveillance renforcée de la méningite, l'ensemble du réseau national de laboratoire (RNL) participe à la collecte des échantillons de LCR chez les cas suspects de méningite, du niveau périphérique au niveau central de la pyramide sanitaire. La collecte des échantillons est effectuée au niveau opérationnel, dans les hôpitaux et les structures privées.

Les prélèvements de LCR sont acheminés suivant la pyramide sanitaire vers le laboratoire national de référence de la méningite.

Les niveaux de réalisations des examens bactériologiques selon la pyramide sanitaire sont:

-au niveau périphérique : l'aspect macroscopique, la cytologie, l'examen direct après la coloration de Gram ;

-au niveau intermédiaire : l'aspect macroscopique, la cytologie, l'examen direct après la coloration de Gram et l'agglutination au latex ;

-au niveau central : l'aspect macroscopique, la cytologie, l'examen direct après la coloration de Gram, l'agglutination au latex, la culture, les tests de sensibilité et la PCR.

Le sérotypage, le séquençage et la concentration minimale inhibitrice (CMI) sont effectués dans les centres collaborateurs de l'organisation mondiale de la santé (OMS). Ces tests permettent d'identifier les caractéristiques de l'agent étiologique de la méningite ce qui est déterminant pour une riposte appropriée.

Le bureau régional OMS pour l'Afrique (AFRO) a conseillé l'utilisation de méthodes diagnostiques de laboratoire standardisées pour la confirmation des maladies prioritaires dans tous les pays de la région d'Afrique. Pour évaluer la capacité nationale des laboratoires à mettre en œuvre les méthodes standardisées, le bureau OMS de Lyon (pour la préparation et la réponse des pays aux épidémies) et AFRO ont mis en place le programme d'évaluation externe de la qualité (EEQ) en microbiologie, en collaboration avec l'institut national des maladies transmissibles (NICD) d'Afrique du Sud basée à Johannesbourg en 2002. L'institut national de recherche en santé publique (INRSP) au Mali participe au programme d'EEQ des méningites bactériennes organisé quatre (4) fois par an : mars, juin, septembre et décembre (OMS, 2006 ; OMS, 2007).

De 2006 à 2010, l'INRSP n'a pas fait une évaluation de ses activités de confirmation et d'identification des agents étiologiques de la méningite. Il est alors nécessaire de faire l'évaluation de la qualité de la surveillance bactériologique de la méningite avant de passer à la surveillance cas par cas, mise en œuvre après l'introduction du nouveau vaccin conjugué anti méningocoque A « MenAfriVac » en 2010. Le Mali va passer de la surveillance renforcée de la méningite à la surveillance cas par cas de la méningite ou chaque cas suspect fera l'objet de ponction lombaire et confirmation au laboratoire. Le succès de la confirmation du laboratoire dépend de la qualité des prélèvements qui parviennent aux laboratoires, de la méthode d'analyse, des réactifs, de l'équipement utilisé et de la compétence des techniciens de laboratoire.

II. Généralités sur la maladie

1. Définition de la méningite :

Les méningites bactériennes sont dues à des bactéries pyogènes, principalement trois germes : *Haemophilus influenzae*, méningocoque et pneumocoque. D'autres germes peuvent être rencontrés comme : staphylocoque, streptocoque, germe de la tuberculose, etc. Le terme issu du grec meninx, les méninges sont des membranes constituées de trois enveloppes recouvrant le système nerveux central (cerveau, moelle épinière) dans lesquelles circule le liquide céphalo-rachidien.

Ce sont de l'extérieur vers l'intérieur :

• La dure-mère ou parenchymeninge, épaisse et fibreuse dont le rôle est de protéger l'encéphale qui comprend le cerveau, le cervelet et le tronc cérébral.

• L'arachnoïde fait partie des méninges molles ou leptoméninges

• La pie-mère appelée leptoméninge est constituée d'une membrane très fine qui adhère à la surface du système nerveux directement.

L'espace sous-arachnoïdien contient le liquide céphalo-rachidien (Bentham et al).

2. Historique

Avant la mise au point des moyens diagnostiques, la méningite était vue comme une fièvre cérébrale, c'est à dire toutes les maladies entraînant une hyperthermie et une perturbation des fonctions cérébrales (OMS/CDC/Ministère de la santé du Mali, 2005).

C'est en 1836 que la méningite cérébro-spinale a été décrite pour la première fois avec précision, à l'occasion de l'épidémie qui avait frappé une garnison des basses Pyrénées, et qui avait gagné, lors des déplacements de cette garnison, toutes les villes traversées (OMS/CDC/ Ministère de la santé, 2000).

En 1875, le bactériologiste CLEBS mettait en évidence un diplocoque à l'autopsie d'un malade mort de méningite (Niantao, 2007).

En 1887, WEICHSELBAUM de Vienne découvre un diplocoque en grain de café, Gram négatif dans le LCR de sujets atteints de méningite cérébro-spinale et découvre son pouvoir pathogène expérimentalement chez la souris, mais on n'admet pas encore que ce germe soit l'agent de la maladie (Duval et Soussy, 2005).

En 1890, QUINKE introduit la ponction lombaire comme moyen diagnostique et thérapeutique.

En 1893, le bactériologiste WANDREMER décrivait le pneumocoque, le bacille d'EBERTH, le streptocoque, et le staphylocoque comme étant les agents pathogènes des méningites purulentes (Niantao, 2007).

En 1903, la méningite cérébro-spinale est rattachée au méningocoque isolé par WEICHSELBAUM en 1887 (Duval et Soussy, 2005).

En 1906, FLEXNER fabriquait le sérum anti-meningococcique et DOPLER l'administrait par voie intrathécale en 1908. Après les débuts prometteurs de la sérothérapie polyvalente, les échecs se multiplièrent d'année en année.

En 1935, les sulfamides découverts par DOMACK ont été les premiers médicaments anti- bactériens qui ont transformé le pronostic vital et a réduit le pourcentage de séquelles très fréquentes (Duval et Soussy, 2005).

En 1938, FLEMING découvre la pénicilline et son introduction thérapeutique est faite en 1941 (après les travaux de FLOREY et CHAIN).

Dès 1948-1949, le chloramphénicol s'est révélé comme un des antibiotiques les plus actifs, remarquable par son excellent pouvoir de diffusion dans les espaces sous-arachnoïdiens.

Quant à la vaccination, après de nombreux échecs et tâtonnements, elle a connu, durant la dernière décennie, des progrès décisifs avec les vaccins polysaccharidiques mono ou polyvalents et la production de vaccins conjugués (Duval et Soussy, 2005).

L'apport du vaccin tétravalent sera sans doute plus bénéfique. Ces dernières années, les céphalosporines de troisième génération (Cefotaxime et Ceftriaxone) ont transformé considérablement le pronostic vital et réduit les séquelles chez les nourrissons et les jeunes enfants (Bernard, 2009).

3. Physiopathologie des méningites purulentes

La survenue d'une méningite suppose que l'agent pathogène soit capable d'envahir l'espace sous arachnoïdien et d'y produire une inflammation. Ceci suppose que les bactéries responsables de la méningite sont capables de franchir la barrière hémato-méningée. Une fois entrée dans le LCR, la bactérie rencontre peu d'obstacles à son développement. En effet, les éléments responsables de la bactéricide sérique font défaut dans le LCR. La concentration en immunoglobulines y est très basse par comparaison au sang. Ce déficit en anticorps et en complément contribue au faible pouvoir bactéricide du LCR.

Les mécanismes en causes dans ce processus sont méconnus, cependant deux éléments sembles acquis : les bactéries meningitogènes doivent être capables d'induire des bactériémies intenses et prolongées. Une interaction étroite aux cellules endothéliales des capillaires neuro-méningées est indispensable. Les éléments ultérieurs, qui font suite à l'effraction des bactéries dans le liquide céphalorachidien (LCR) et qui sont responsables de la survenue d'une inflammation, sont mieux connus et en rapport avec une production de cytokine. Cette production de cytokine précède l'apparition de l'exsudat inflammatoire. L'afflux de polynucléaires dans le LCR est la première conséquence de la libération de cytokines.

La deuxième grande conséquence de la production des cytokines est une augmentation de la perméabilité de la barrière hémato-encéphalique.

L'ensemble des événements survenant au cours d'une méningite bactérienne résulte d'une part de l'afflux des polynucléaires, et d'autre part de l'altération de la barrière hémato-encéphalique (OMS/CDC/ Ministère de la santé, 2000)

4. Germes responsables de la méningite : Les étiologies les plus fréquentes sont : *Neisseria meningitidis*, *Streptococcus pneumoniae* et *Haemophilus influenzae* b.

- **Méningocoque** : *Neisseria meningitidis* se présente sous forme de diplocoque gram négatif en grain de café extra et surtout intra cellulaires. On recense 12 sérogroupes de *Neisseria meningitidis* (A,B ,C,X,Y,Z,W135 ,29E,H,J,I et L), dont quatre sont connus pour provoquer des épidémies (*Neisseria meningitidis* A, B, C et W135). La méningite à méningocoque est plus grave aux âges extrêmes. Aujourd'hui, l'émergence du W135 est une réalité, c'est un sérogroupe du *Neisseria meningitidis*. Il est fréquemment incriminé comme étant associé à plusieurs épidémies de méningocoque A dans le monde et de plus en plus en Afrique. En effet, au Burkina Faso, sur les 12 587 cas de méningite dont 1 447 décès rapportés à l'OMS en mai 2002, le méningocoque W135 avait une part prépondérante. Sa létalité est de 12,26%. La pathogénicité, l'immunogénicité et le potentiel épidémique varient d'un sérogroupe à l'autre et c'est pourquoi leur identification est capitale pour enrayer une éventuelle épidémie. Le méningocoque est un germe spécifique de l'homme, saprophyte du rhinopharynx. Selon l'Organisation Mondiale de la Santé 10 à 25% de la population sont porteurs de *N. meningitidis*, sans provoquer la maladie ; dans de rares cas, elle vient au bout des défenses naturelles de l'organisme et cause la méningite. Ce taux de portage peut être beaucoup plus important en cas d'épidémies. La transmission bactérienne s'opère de personne à personne par les gouttelettes de sécrétions respiratoires ou pharyngées, un contact étroit et prolongé (baiser, éternuement et toux, vie en collectivité, mise en commun des couverts ou des verres, etc.), favorise la propagation de la maladie. La période d'incubation se situe entre 2 et 10 jours, mais est généralement inférieure à 4 jours (WHO, 2002 ; Nicolas et Caugnant, 2002 ; Boukenem, 1997)

- **Pneumocoque** : Découvert par Pasteur dès 1881, les pneumocoques se présentent sous forme de diplocoques Gram positif en flamme de bougie colonisant le rhino-pharynx de l'homme et des animaux.
L'infection des méninges se fait par voie septicémique à partir d'un foyer pneumococcique ORL ou d'une brèche ostéoméningée de la base du crâne qui sera systématiquement recherchée en cas de méningites récidivantes à pneumocoque (Nassif, 1995).
- ***Haemophilus influenzae b* (Hib)** *:* Petits bacilles ou coccobacilles à Gram négatif, infectant les méninges à la faveur d'une bactériémie à partir d'un foyer ORL, pulmonaire. L'Hib a été découvert en 1890, par le bactériologiste Allemand Pfeiffer. Avant les années 1990, c'était la principale forme de méningite bactérienne chez les enfants de moins de cinq ans et les nourrissons en Europe avec une mortalité supérieure à 30%, mais l'usage répandu du vaccin Hib a considérablement réduit sa portée (OMS, 2003).

5. Formes cliniques

Période de début : Chez le grand enfant et l'adulte, le début est brutal après une incubation généralement silencieuse, de deux à quatre jours. La température s'élève à 39-40°C, tandis que surviennent des frissons, des céphalées et des vomissements.

Le début peut encore être plus subi, marqué par l'installation d'un coma.

A la ponction lombaire, le LCR est hypertendu, opalescent, louche et parfois clair .Il contient des polynucléaires plus ou moins altérés ; seule la culture du liquide, sur milieux solides enrichis, assure avec certitude l'isolement et l'identification du méningocoque. Chez le nourrisson, le début est souvent insidieux, lent et marqué par une discrète somnolence, avec des troubles digestifs prédominants (anorexie, vomissements), la tension de la fontanelle est ici le signe capital.

Période d'état : Elle survient vers le deuxième jour d'incubation, elle comprend un syndrome méningé et un syndrome infectieux.

Le syndrome méningé : Il est évident à ce stade. Il se caractérise par des signes principaux qui sont : céphalées, vomissements, constipation, dont l'ensemble porte le nom de trépied méningitique. Le syndrome infectieux : Il se traduit par une fièvre élevée, un pouls rapide, un faciès vultueux. Dans le sang, on note une hyperleucocytose avec polynucléose neutrophile.

Evolution favorable : Elle est spectaculaire, sous l'influence d'une antibiothérapie adaptée, précoce et bien menée ; on assiste à une guérison spectaculaire, la fièvre et les céphalées disparaissent en 48 heures, le LCR quant à lui redevient limpide en 3 ou 4 jours.

Complications : Elles surviennent lorsque la prise en charge n'est pas adéquate et précoce. Les complications peuvent apparaître sous forme de : paralysies oculaires, atteintes auditives, visuelles, troubles du caractère ou retard scolaire ultérieur.

Les rechutes et les septicémies à méningocoques sont moins exceptionnelles (Banda, 2002).

6. Diagnostic biologique

Il consiste à une analyse du LCR obtenue par ponction lombaire (PL) ou à la mise en évidence de l'agent pathogène dans le sang du patient. Avant toute PL il est indispensable de faire un fond d'œil à la recherche d'un œdème papillaire qui est le plus souvent dû à une hypertension intracrânienne (HTIC), signe contre indiquant la PL chez un patient car risque d'engagement des amygdales cérébelleuses dans le trou occipital. En cas d'HTIC la PL sera pratiquée dans un service de réanimation par voie sous occipitale (Banda, 2002).

L'identification de l'agent étiologique est essentielle pour confirmer la nature de l'épidémie et mettre en œuvre les mesures de lutte. Par conséquent, la confirmation par le laboratoire des agents pathogènes doit être de règle au cours de la saison épidémique. Les examens de laboratoire suivants seront effectués en fonction des niveaux (national, régional, district) et des capacités techniques des laboratoires :

-Coloration de Gram et comptage des cellules : laboratoire du district avec équipement approprié.

-Tests rapides de détection des antigènes solubles : laboratoire du district, disposant d'une chaine de froid.

L'utilisation de tests (Pastorex et bandelettes) capable d'identifier le *Neisseria* meningitidis W135 est fortement recommandée durant la phase initiale de l'épidémie. Le Pastorex peut être utilisé sur le terrain et réduire de façon substantielle les délais pour la confirmation du germe et la prise de décision rapide.

-Culture et sérogroupage : laboratoire national ou régional de référence.

-Sensibilité aux antibiotiques : sera effectué pour tout échantillon reçu au niveau du laboratoire national de référence.

-Détection des ADN des agents étiologiques : par PCR au niveau du laboratoire national de référence. La PCR peut être utilisé sur les TI dont la culture à été négative. Notons que plusieurs pays dans la sous région ont maintenant accès à la technologie par PCR. Pour la PCR, les LCR peuvent être conservés dans les cryotubes de préférence à (-20°C) ou dans des tubes secs stériles au réfrigérateur à (+4°C) pour quelques semaines. Ces tubes peuvent être transportés dans des glacières avec accumulateurs de froid au laboratoire national ou régional de référence (Badang, 2002).

7. Prise en charge des cas de méningite

Traitement de base : Ceftriaxone en dose unique à raison de 100 mg/kg en une injection IM, avec 4 g au maximum. Evaluer l'état du malade après 24 heures si pas d'amélioration, répéter la même dose. Si au 3ème jour pas d'amélioration poursuivre le traitement avec la Ceftriaxone pendant 5 à 7jours.

Chez l'enfant de moins de 2 mois, il faut utiliser l'Ampicilline : 100 mg/kg en perfusion IV lente par jour pendant 5 jours.

Traitements complémentaires : Enveloppement par linge humide

Paracétamol : 40 mg/kg/jour en 3 prises chez l'enfant et 2 à 3 g/jour chez l'adulte en 3 prises; ou aspirine : 25 mg/kg/jour chez l'enfant en 3 prises et 2 g/jour chez l'adulte en 3 prises.

N.B : Ne pas donner d'aspirine en cas de purpura.

En cas de convulsions

Chez l'adulte : 10mg de diazépam en intra rectal de préférence ou 10mg par voie IV

Chez l'enfant : 0,5mg/par Kg de poids en intra rectal de préférence

Quand et comment vacciner en cas de méningite ?

Se préparer pour la vaccination quand le seuil d'alerte est atteint.

Vacciner quand le seuil épidémique est atteint.

Vacciner les sujets âgés de 2 ans et plus en injectant 0,5 ml de vaccin par voie sous-cutanée sur la face externe du bras (Ministère de la santé/OMS, 2009).

8. Prévention de la transmission

La transmission de *Neisseria meningitidis* se fait de personne à personne, à partir d'un porteur nasopharyngé plus souvent que d'un malade, par contact avec des gouttelettes ou des secrétions orales infectées. La prévalence du portage nasopharyngé est variable et n'est pas corrélée avec le risque d'épidémie. La contagiosité disparaît rapidement chez les malades traités par antibiotiques.

Comme le méningocoque est relativement sensible aux changements de température et à la dessiccation, ce germe n'est pas transmis par l'intermédiaire d'équipements ou de matériels.

Par conséquent : ni l'isolement du malade, ni la désinfection de la chambre, de la literie, des vêtements ne sont nécessaires ; la détection des porteurs par culture de prélèvements nasopharyngés n'est pas recommandée. Les études de portage ne sont utiles ni pour prédire une épidémie, ni pour guider une décision de prophylaxie (Quagliarello et al, 2006).

9. Vaccination

Actuellement on utilise 2 grands groupes de vaccins contre les méningites bactériennes : les vaccins polysaccharidiques (bivalent AC, trivalent ACW135, ou tétravalent ACW135Y) ; les deux premiers sont les plus souvent utilisés, mais l'immunité conférée est de courte durée. Ces vaccins sont surtout utilisés lorsqu'une épidémie est déclenchée, en campagne de vaccination de masse, de façon réactive, dans un district qui a franchi le seuil épidémique. Les vaccins conjugués (monovalent C et tétravalent ACW135Y) qui restent chers, mais qui confèrent une immunité plus solide et plus longue ; ces vaccins bloquent la colonisation et réduisent la transmission des germes tout en conférant une immunité de groupe. D'autres vaccins sont en cours d'introduction dans la région Africaine : le vaccin conjugué monovalent contre le méningocoque A, développé par MVP à un coût abordable ($0.40 la dose) en vue de l'élimination des épidémies de méningite (principalement dues au méningocoque A). Les nouveaux vaccins contre le Hib, en combinaison avec d'autres antigènes du PEV (Pentavalent) et le pneumocoque, qui sont actuellement en train d'être introduits en Afrique.

Ces nouveaux vaccins vont très certainement permettre de réduire de façon considérable les charges morbidiques dues à ces méningites bactériennes (Quagliarello et al, 2006).

III. Enoncé du problème

La méningite est une infection aiguë du système nerveux central généralement causée par *Neisseria meningitidis*, *Haemophilus influenzae*, ou *Streptococcus pneumoniae*, bactéries encapsulées transmises de l'homme à l'homme par des gouttelettes véhiculées par l'air. C'est une maladie infectieuse et contagieuse, qui peut tuer ou laisser des séquelles neurologiques graves si elle n'est pas soignée. *Neisseria meningitidis* est responsable d'épidémies, au niveau de la zone dénommée ceinture africaine de la méningite qui s'étend d'Est en Ouest, de la mer Rouge à l'Atlantique, de l'Éthiopie au Sénégal (OMS). La surveillance renforcée de la méningite a été introduite au Mali en 2003. Elle consiste à détecter activement les cas suspects de méningite et confirmer par le laboratoire les germes en cause en vue de prendre à temps les mesures appropriées de santé publique lors d'une épidémie de méningite. En plus de la définition standard de cas, ce système utilise des seuils hebdomadaires d'intervention notamment le seuil d'alerte et le seuil épidémique. Quand un district ou une zone de surveillance atteint le seuil d'alerte, il faut procéder au prélèvement et à l'acheminement des LCR pour la confirmation des germes par le laboratoire. L'enregistrement des cas se fait sur une liste descriptive des cas. L'information est ensuite donnée à l'échelon supérieur (niveau régional ou central) et la surveillance est renforcée en vue d'agir à temps si le district passait en épidémie. Avec l'introduction du nouveau vaccin conjugué A contre la méningite en 2010, le Mali a adopté d'introduire la surveillance basée sur les cas de méningite.

La surveillance cas par cas (SCC) consiste à détecter et confirmer systématiquement par le laboratoire chaque cas suspect de méningite. Chaque cas de méningite doit faire l'objet d'une ponction lombaire. Dans ce cas on n'attend pas l'atteinte du seuil d'alerte ou épidémique pour la confirmation. La confirmation par le laboratoire se fait au cas par cas. Le but est d'établir le profil épidémiologique et bactériologique de chaque cas. Une fiche de notification individuelle recueillant les données minimales sur chaque cas sera remplie. Une partie du LCR sera examinée au laboratoire de district (cytologie, coloration au Gram, agglutination au Latex) et une autre partie sera envoyée à l'INRSP pour la culture et la PCR. La confirmation au laboratoire est l'utilisation des tests de laboratoire pour faire le diagnostic des cas suspects de maladies transmissibles. Les tests de laboratoire peuvent également permettre d'identifier les caractéristiques de l'agent étiologique de la maladie ce qui est déterminant pour une prise de décision et de riposte appropriée. Par exemple l'identification au laboratoire du sérogroupe de *Neisseria meningitidis* en cause dans une flambée épidémique peut aider les responsables de la santé à choisir le vaccin à utiliser pour prévenir les futurs cas. En utilisant des informations de surveillance confirmées par le laboratoire, les agents de santé peuvent prendre des décisions évidentes pour la gestion et le traitement des cas, la prévention et le contrôle de la maladie et l'utilisation efficace des rares ressources. Le succès de la confirmation du laboratoire dépend de la qualité des prélèvements qui parviennent aux laboratoires, de l'exactitude et de la ponctualité des résultats qui arrivent à l'équipe de riposte. Ceci n'est possible que lorsque les agents de santé formés savent la nature des tâches à exécuter, comprendre quand les exécuter et disposent des ressources adéquates. Dans la Région Africaine la capacité de la confirmation au laboratoire est compromise à cause du manque de : directives standard accessibles sur les rôles et les responsabilités des agents de santé ; - directives qui interagissent avec d'autres niveaux ; - insuffisance de ressources et de matériels pour la supervision et la formation ; -informations pour la planification et la budgétisation des ressources matérielles et humaines. Pour briser ces barrières à la confirmation au laboratoire, le Ministère de la Santé du Mali et ses partenaires ont développé des directives techniques pour la confirmation de la maladie au laboratoire à partir des recommandations contenues dans le guide technique pour la Surveillance Intégrée de la Maladie et la Riposte au Mali et d'autres directives nationales et internationales (OMS/CDC/Ministère de la santé du Mali, 2005). Malgré toutes ces dispositions prises nous assistons à des discordances entre les résultats du niveau périphérique et du niveau central. L'évaluation externe de la qualité (EEQ) en microbiologie est bénéfique à la fois aux laboratoires participants et aux programmes de santé publique. Les laboratoires sont évalués pour leur capacité à diagnostiquer les méningites bactériennes et le test de sensibilité aux antibiotiques par trimestre (OMS, 2002). L'EEQ permet de détecter les insuffisances des ressources (matériels, réactifs et personnel qualifié) des laboratoires.

Le laboratoire assure la confirmation pendant la phase pré-épidémique, le suivi de l'évolution des germes et leur sensibilité aux antibiotiques au cours de l'épidémie; et prépare la saison épidémique suivante durant la phase post-épidémique
(OMS, 2008). En vue d'améliorer la surveillance bactériologique de la méningite au Mali nous avons décidé d'évaluer la qualité du diagnostic de la méningite c'est-à-dire la coloration de Gram, l'agglutination au latex, la culture et la PCR.

IV. Revue de la littérature

Le nombre de cas de méningite est estimé à environ un million dans le monde par an dont 200.000 sont fatals (Kanté, 2008).

En Afrique, en 2008, 33 381 cas suspects de méningite dont 3 276 décès de méningite ont été enregistrés et en 2009, 78 890 dont 4 243 décès (OMS). Les étiologies les plus fréquentes sont : *Neisseria meningitidis*, *Streptococcus pneumoniae* et *Haemophilus influenzae* b (Hib). Le *Neisseria meningitidis (Nm)* A reste prédominant et responsable de la plupart des grandes épidémies survenant sur le continent africain (OMS/Ministère de la santé, 2010).

Les méningites bactériennes touchent particulièrement les enfants de moins de 5 ans et entraînent une morbidité et une létalité importante surtout chez le nourrisson (Porpovic, 1999). L'étude comparative de trois examens bactériologiques de la méningite au Tchad faite par Sperber et al. citée par Abdou en 2010 a montré 39,2% positif à l'examen directs; 30,8% positif au latex ; 34,2% positive à la culture et 48,3% de positivité pour l'un des 3 tests (Abdou, 2010).

Le Centre Pasteur du Cameroun à Yaoundé, en 2008, a enregistré 10,4% de culture positive : les principales étiologies observées ont été *Streptococcus pneumoniae* (56,2 %), *Haemophilus influenzae* (18,5 %) et *Neisseria meningitidis* (13,4 %); l'étude de la sensibilité aux antibiotiques montre une bonne activité des béta-lactamines sur les streptocoques et les méningocoques, mais pas sur les bacilles gram négatif (Guesson, 2002). Par contre l'annexe du même Centre Pasteur à Garoua a étudié, en 2009, les germes responsables des méningites cérébrospinales et a montré que les agents détectés étaient en majorité des méningocoques du groupeW135 (Massenet, 2009). Au cours de la saison épidémique en 2009 au Niger, 3 755 échantillons de LCR représentant 28,1% des cas suspects de méningite ont été analysés. Le méningocoque du sérogroupe A, a été l'agent causal dans 97,5% des cas de méningococcie (Sidiki, 2009).

Le Burkina Faso a enregistré environ 418 cas suspects de méningite dont 74 décès en 2011. Les germes à l'origine étaient : *Neisseria meningitidis* W135, *Neisseria meningitis* A, *Streptococcus pneumoniae* et *Haemophilus influenzae* b (ProMed, 2011). Au Centre Muraz à Bobo-Dioulasso, Burkina Faso, entre avril 2002 et juin 2004, un total de 1 645 échantillons de LCR ont été testés par PCR (dont 1 455 au Centre Muraz, 190 à l'Institut Pasteur de Paris) et 801 par culture; 560 (34 %) bactéries ont été identifiées par PCR dont 281 (50 %) Nm, 193 (34 %) Spn, 86 (15 %) Hi contre 288 (36 %) par culture (Berthe, 2004). Au Mali entre 1996 et 2005 environ 28 233 cas suspects de méningite ont été notifiés dont 10 587 ont fait l'objet de ponction lombaire soit 37,5%. Sur les 10 587 LCR analysés 22,4% étaient positifs à la culture ou au latex. Le méningocoque était prédominant à 35,9%, suivi du pneumocoque 32,6% et de *Haemophilus influenzae b* 29,7% (Koumaré, 1996).

En 2008, un total de 125 LCR analysés 66% était transporté dans les tubes contre 34% dans les trans-isolate (TI) dont 11,2% de positifs au latex, 16,8% de positifs à la culture, 34,4% de positifs à la PCR et 37,6% de négatifs. Le pourcentage des espèces bactériennes identifiées par l'un des trois tests a été 78,7% de méningocoque, de 17,0% de pneumocoque et 7,6% de Hib. Les échantillons non adéquats représentaient 1,75% des prélèvements (Cissouma, 2008).

En 2009, sur 458 LCR analysés les espèces bactériennes isolées ont été les suivantes : *Neisseria méningitidis* (65,51%), *Haemophilus influenzae* type b (5,17%), *Streptococcus pneumoniae* (3,45%) et autres germes (*staphylococcus aureus, Escherichia coli, Enterobacter spp*). Le taux d'échantillons non adéquats était 0,70% des prélèvements (Abdou, 2010). Tout laboratoire doit disposer d'un manuel ou d'un guide (manuel pratique, manuel de bonnes pratiques, guide de sécurité au laboratoire, manuel de sécurité, etc.) pour sa sécurité biologique dans lequel sont répertoriés les dangers effectifs et potentiels et qui indique comment procéder pour les éliminer ou du moins les réduire au minimum. Certains principes sont recommandés notamment : l'accès du laboratoire réduit au personnel, le port de protection individuelle, les modes opératoires des examens, les zones de travail du laboratoire, la gestion de la sécurité biologique, la conception et l'aménagement du laboratoire, la conception d'un laboratoire, les appareils et les équipements de laboratoire, la surveillance médico-sanitaire du personnel, la formation du personnel, le traitement des déchets biomédicaux, la sécurité chimique, la sécurité électrique, la sécurité d'incendie, la sécurité radioprotection et la sécurisation de l' appareillage (OMS, 2005). En 2006, le programme d'évaluation externe de la qualité (EEQ) en microbiologie concernait 68 laboratoires dans 43 des 46 pays de la région OMS Afrique et 4 laboratoires dans 3 pays de la région OMS de la méditerranée orientale. Ces laboratoires ont été évalués pour leur capacité à diagnostiquer les méningites bactériennes, les diarrhées bactériennes, la peste pulmonaire, le paludisme et la tuberculose (OMS, 2006). L'évaluation se fait de façon trimestrielle : mars, juin, septembre et décembre. L'évaluation externe de la qualité antérieurement connu sous le nom de contrôle externe de qualité, l'E.E.Q. correspond au contrôle, par un organisme extérieur, de la qualité des résultats fournis par un laboratoire. Ce contrôle rétrospectif permet une confrontation inter-laboratoires en vue d'améliorer la qualité du travail de l'ensemble des participants. L'organisme extérieur adresse les mêmes échantillons aux différents laboratoires, collationne les résultats obtenus, les analyse et les transmet avec commentaires aux laboratoires participants.

DEUXIEME PARTIE : NOTRE ETUDE

I. But, objectifs et hypothèse de recherche

1. But

Le but de l'étude est d'améliorer le diagnostic de la surveillance bactériologique de la méningite.

2. Objectif général :

Evaluer la qualité du diagnostic bactériologique de la méningite au Mali de 2006 à 2010.

3. Objectifs spécifiques

1. Déterminer le taux des échantillons adéquats ;
2. Déterminer le délai de transport des échantillons ;
3. Comparer les résultats des différents tests par niveau
4. Formuler des recommandations pour améliorer le diagnostic bactériologique de la méningite.

4. Hypothèse de recherche

Un diagnostic de qualité est réalisé dans les laboratoires pour la confirmation de la méningite.

II. Matériels et méthode

1. Cadre de l'étude

L'étude s'est déroulée à l'institut national de recherche en santé publique (INRSP) de Bamako au Mali. L'INRSP est un Etablissement Public à caractère Scientifique et Technologique (EPST). Il abrite le Laboratoire National de Référence (LNR) de la méningite. Le LNR reçoit et traite les LCR venant des districts sanitaires, des hôpitaux et les structures privées.

2. Echantillonnage

Nous avons conduit une étude transversale, entre le 1er janvier et le 30 octobre 2011, sur les données de laboratoire de la surveillance de la méningite de 2006 à 2010. L'étude a concerné l'ensemble des échantillons de LCR reçus et analysés au LNR pour la confirmation de la méningite pendant la période d'étude.

Les LCR non conformes et les LCR analysés au laboratoire en dehors de période d'étude étaient exclus.

L'échantillonnage était exhaustif et 2 567 échantillons ont été collectés. La collecte des données a été faite à partir des registres de laboratoire et de la fiche de notification individuelle. Elle a porté sur la qualité du LCR, la date de ponction lombaire, la date de réception du LCR à l'INRSP, les conditions et le délai du transport, la coloration de Gram, l'agglutination au Latex, la culture, la PCR, et le test de sensibilité aux antibiotiques à travers une fiche de collecte.

3. Les variables de l'étude

Nous avons utilisé les variables suivantes pour évaluer la qualité du diagnostic de la méningite: la date de ponction lombaire, la date de réception du LCR au LNR, le délai de transport, le nombre de LCR positif, le Nombre Tube et TI, le Nombre de cas suspects de méningite, le nombre de LCR collectés, la provenance des LCR, le traitement antibiotique avant la ponction lombaire, la qualité du LCR (adéquat, non adéquat), l'aspect du LCR (clair, trouble, purulent, hématique et xanthochromique), les procédures de traitement du LCR (disponibilité et accessibilité), la cytologie (numération des leucocytes par mm^3), la formule leucocytaire (pourcentage des polynucléaires neutrophiles et lymphocytes), l'examen direct après la coloration de

Gram [diplocoque Gram négatif (DGN), diplocoque Gram positif (DGP), bacille Gram négatif (BGN), cocci Gram positif (CGP)], l'agglutination au latex (NmA, NmY/W135, NmB, NmC, E.coli K1, Spn, Hib, StrepB), la culture (NmA, NmY, NmW135, NmB, NmC, Spn, Hib, StrepB, E.coli K1 et autres) et la PCR (NmA, NmY, NmW135, NmB, NmC, Nmx, Spn, Hib, StrepB).

4. Considérations éthiques

Notre projet d'étude a été validé par le comité scientifique universitaire du master FELTP. Il a obtenu une autorisation des autorités du Ministère de la santé de notre pays. Les participants ont bénéficié de toutes les informations relatives aux buts, objectifs, ainsi qu'à l'importance de cette étude pour le diagnostic de la méningite.

5. Méthode d'étude

1. **Modalité de recueil du LCR**

Dès les premiers signes cliniques de la maladie, le LCR est prélevé par ponction lombaire entre la 4ème et la 5ème vertèbre lombaire (L4 et L5) avant toute antibiothérapie. Le prélèvement doit être fait par un personnel qualifié et dans les conditions d'asepsie afin d'éviter la contamination par les germes banals.

Au moment du prélèvement, il est nécessaire de s'assurer que le patient est calme, assis ou en décubitus latéral, le dos en arc de manière à ce que la tête touche les genoux. Le matériel nécessaire pour la ponction lombaire doit comprendre : désinfectant cutané, compresse et pansement adhésif, aiguille à ponction lombaire pour adultes et pour enfant, seringue et aiguille, tube à hémolyse stérile avec capuchon pour recueillir le LCR. Il est adressé au laboratoire le plus rapidement possible pour éviter la lyse des bactéries. Si le prélèvement ne peut arriver au laboratoire dans l'heure qui suit la collecte, il doit être ensemencé dans le milieu de transport Trans-Isolate (TI) et acheminé au laboratoire dans une boîte à température ambiante (jamais dans la glace) et à l'abri de la lumière pour éviter la destruction des bactéries (Rault ;OMS). Le prélèvement sera accompagné d'un bulletin de demande d'analyse comportant l'identification du malade (nom, âge, sexe, profession, adresse), du service demandeur et un résumé des renseignements cliniques, la date et la nature de l'examen demandé.

Si l'examen est différé, le TI ensemencé doit être conservé à l'étuve mais jamais au réfrigérateur pour éviter la lyse du méningocoque (Gloria ; Tanja, 2000).

2. **Milieu de transport du LCR** : Trans-Isolate (TI)

C'est un milieu utilisé pour le transport du LCR de la périphérie vers les laboratoires nationaux de référence et constitue un outil essentiel dans la confirmation biologique de la méningite bactérienne. Ce milieu disphasique permet la culture primaire de *Neisseria meningitidis, Streptococcus pneumoniae* et *Haemophilus influenzae* à partir de prélèvements du liquide céphalorachidien (LCR). Le délai de transport est sept (7) jours au maximum (OMS). (Instructions d'utilisation de TI en annexe).

3. **Diagnostic biologique**

Le diagnostic de la méningite est une urgence. Il s'agit d'un diagnostic direct par la mise en évidence du germe dans le LCR. Une fois le prélèvement reçu au laboratoire, il doit être immédiatement examiné. Si l'examen est différé, le LCR ou le milieu de transport ensemencé doit être conservé à l'étuve mais jamais au frigidaire pour éviter la lyse du méningocoque.

Le diagnostic comporte: l'examen macroscopique, l'examen microscopique, l'agglutination au latex, la mise en culture, l'identification, l'étude de la sensibilité aux antibiotiques et la PCR si possible.

➢ **L'examen macroscopique**

Il s'agit d'apprécier l'aspect du LCR à l'œil nu. Ainsi le LCR normal est clair et limpide comme l'eau de roche; en cas de méningite purulente, il est louche ou trouble.

➢ **L'examen microscopique**

Il comprend plusieurs étapes :

. La numération des éléments à la cellule de Malassez

Le LCR normal contient moins de 2 à 3 leucocytes par mm^3; le LCR en cas de méningite peut en contenir $1000/mm^3$ et même plus.

. La formule leucocytaire: elle est faite sur le culot de centrifugation d'environ 1ml de LCR à 2000t. /mn pendant 5 mn, le surnageant est conservé pour la recherche des antigènes solubles par agglutination au latex. A partir du culot de centrifugation, on réalise un frottis sur lame qui, après séchage et fixation sera coloré au May Grunwald-Giemsa ou au bleu de méthylène et observer à l'objectif X100 à immersion. La formule leucocytaire nous permet d'évaluer la présence de polynucléaires ou de lymphocytes venus de la circulation sanguine et qui témoignent de la présence d'une réaction inflammatoire (Robbins, 2005). L'examen après coloration de Gram: comme dans le cas de la formule leucocytaire, on réalise à partir du culot de centrifugation, un frottis sur lame qui après séchage et fixation sera coloré par la méthode de Gram. L'examen de ce frottis coloré au microscope montre la présence de diplocoques Gram négatif intra et extracellulaires, diplocoques Gram positif et coccobacilles Gram négatif.

- **La recherche d'antigènes solubles**

Elle permet d'établir un diagnostic étiologique rapide par la caractérisation des antigènes spécifiques solubles dans les LCR.

Réalisation du test :

- chauffer le surnageant du LCR à l'eau bouillante pendant 5 minutes.
- bien homogénéiser la suspension de particules de latex.
- déposer une goutte de chacune des suspensions à l'intérieur des cercles prévus à cet effet sur une lame de verre ou une carte.
- ajouter 30-50 µl (une goutte) de LCR à chacune des suspensions.
- agiter légèrement la carte par un mouvement de rotation pendant 2 à 10 mn.

Lecture des résultats

La lecture se fait à l'œil nu et sous un bon éclairage.

Réaction négative : la suspension reste homogène et légèrement opalescente.

Réaction positive : apparition d'une agglutination (ou d'une agrégation) des particules de latex en moins de 10 minutes.

- **La culture**

Une à deux gouttes de LCR total est ensemencée sur gélose chocolat enrichie de supplément vitaminique et sur gélose Mueller Hinton coulées en boîtes de Pétri ou en tubes à essai. Les milieux ainsi ensemencés sont mis à incuber à l'étuve à 36°-37° C dans une atmosphère enrichie à 10% de CO_2. Au bout de 24 à 48 heures apparaissent sur les milieux de cultures des colonies caractéristiques de méningocoque. Ces colonies sont soumises à une identification basée sur les caractères morphologiques (aspect des colonies, morphologie au Gram) biochimiques (oxydase) et antigéniques (identification du sérogroupe).

Dans les laboratoires spécialisés, l'identification du sérotype et du sérosous-type peut être réalisée. Le milieu de choix pour la culture de *S. pneumoniae* est la gélose au sang, qui est une gélose trypticase-soja (TSA) contenant 5% de sang de mouton ou de cheval. Pour cultiver *H. influenzae*, il est nécessaire d'utiliser une gélose chocolat supplémentée en hémine et en facteurs de croissance tels que la technique IsoVitaleX ou le PolyVitex. Une autre technique pour obtenir la pousse de *H. influenzae* sur gélose au sang est de réaliser une culture avec les facteurs de croissance au moyen de bandelettes ou de disques imprégnés de facteurs X et V, déposés à la surface du milieu après l'avoir ensemencé. Les boîtes de gélose sont incubées dans un incubateur sous atmosphère contenant 5% de CO2 ou une cloche à bougie. L'étude de la sensibilité aux antibiotiques est réalisée par la méthode des disques selon les normes du comité d'antibiogramme de la société française de microbiologie (CA-SFM) [OMS, 1999]

➢ **PCR :** Elle est une technique biomoléculaire permettant un diagnostic quasi certain et sans culture. Elle est basée sur l'amplification génique et permet d'amplifier spécifiquement un fragment d'ADN dans un prélèvement biologique donné (LCR). Le produit d'amplification (L'amplicon) a été visualisé après électrophorèse sur gel d'agarose. La PCR permet de détecter l'ADN bactérien même lorsque les bactéries sont mortes. Elle permet l'identification de Neisseria meningitidis par l'amplification du gène crgA, *Streptococcus pneumoniae* par le gène lytA et *Haemophlilus influenzae* par le gène bexA. Dans les cas de diagnostic positif pour *Neisseria meningitidis*, une 2ème PCR a été réalisée pour identifier les sérogroupe Y, W135 par amplification du gène siaD et le sérogroupe A par amplification du gène mynB. Dans le cas où la première étape a été positive en *Haemophlilus influenzae*, une PCR de recherche a été réalisée pour identifier le type b.

4. **Contrôle de la qualité interne (CQI)**

Le contrôle de la qualité interne est réalisé de façon différente selon le type d'analyse :

- **Test d'agglutination au Latex** : Le kit PASTOREX^{TM} MENINGITIS contient un contrôle négatif et un contrôle positif qui étaient testés selon les recommandations du fabriquant. Des contrôles « maison » étaient aussi testés à l'ouverture de chaque nouveau kit et au besoin.
- **Culture et antibiogramme**: Des tests de stérilité et des essais à blanc étaient effectués quotidiennement sur les milieux de culture. Les souches de référence (ATCC) étaient utilisées pour le contrôle de la qualité interne par semaine. Il s'agit de ATCC49247 pour *Haemophilus influenzae*, ATCC76423 pour *Neisseria meningitidis*, ATCC19615 pour *Streptococcus pneumoniae* et ATCC12386 pour *Streptococcus agalactiae*.

- **PCR** : Les amorces de référence étaient utilisées pour le contrôle de la qualité interne de *Neisseria meningitidis* A (amorce M7060), *Neisseria meningitidis* B (amorce M5178), *Neisseria meningitidis* C (amorce M3045), *Neisseria meningitidis* W135 (amorce M7034), *Neisseria meningitidis* X (amorce M8210), *Neisseria meningitidis* Y (amorce M2578), *Streptococcus pneumoniae* (amorce M16978), *Haemophilus influenzae* a (amorce M4741), *Haemophilus influenzae* b (amorce M5216), *Haemophilus influenzae* c (amorce M6542), *Haemophilus influenzae* d (amorce M6548), *Haemophilus influenzae* e (amorce M9418), *Haemophilus influenzae* f (amorce 6297).

5. **Evaluation externe de la qualité (EEQ) du diagnostic bactériologique de la méningite**

- **Evaluation externe de la qualité :** Les 10% souches de méningocoque étaient envoyées au Multi-Disease Surveillance Center (MDSC) de Ouagadougou pour confirmation et contrôle des sérotypes et sous-types, puis au Centre de Référence et de Recherche sur la méningite de l'Institut de Santé Publique d'Oslo en Norvège pour la caractérisation moléculaire (séquences types et des Complexes clonaux).

Une évaluation externe de la qualité était réalisée tous les 4 mois dans le contexte du réseau de contrôle OMS/AFRO par le laboratoire régional et sous régional de Johannesburg.

- **Méthode d'analyse**

Etablissement des scores : Des attributs ont été utilisés à l'établissement de score pour l'évaluation des activités de diagnostic des méningites bactériennes. Il s'agit de la qualité des LCR, du délai de transport, de l'aspect macroscopique, de la numération des leucocytes, de la formule leucocytaire, de la coloration de Gram, de la recherche des antigènes solubles, de la culture, de la PCR et du compte rendu des résultats.

Des points étaient attribués à chaque paramètre selon l'état de réalisation (voir Tableau II).

Grille d'appréciation du score noté sur 20:

- Activités de très bonne qualité : 18 à 20 ;
- Activités de bonne qualité : 15 à 17 ;
- Activités de qualité moyenne : 12 à 14 ;
- Activités de qualité passable : 10 à 11 ;
- Activités de qualité non acceptable : 0 à 10.

Les questions sont notées de 0 à 4, l'interprétation des scores sont données dans le tableau I (OMS, 2006).

Tableau I: Interprétation des scores de l'évaluation externe de la qualité

Score	Interprétation	Définition
4	Note parfaite	Accepté par le comité comme étant une réponse correcte, tant en terme de taxonomie actuelle qu'en terme de cohérence clinique.
3	Globalement Correct ou Acceptable	Erreur de taxonomie ou de sensibilité aux antibiotiques, généralement au niveau de l'espèce, techniquement incorrecte, mais qui aurait eu un petit impact ou pas d'impact au niveau clinique. Il s'agit d'une imprécision par rapport à ce qui est considéré comme étant le résultat le plus pertinent cliniquement parlant et qui pourrait poser quelques petites difficultés dans l'interprétation du compte-rendu.
2	Séparateur	Sert à augmenter la différence entre les deux groupes de notes. Non utilisé pour la notation.
1	Incorrect ou Inacceptable	Erreur de taxonomie, avec un problème au niveau de l'espèce, et qui pourrait avoir des conséquences au niveau de l'interprétation clinique et d'un éventuel traitement en découlant. Erreur majeure de sensibilité aux antibiotiques Résultat clinique pouvant conduire à une erreur de diagnostic et de traitement
0	Très incorrect ou très	Erreur de taxonomie portant sur le genre et espèce, ou erreur majeure de sensibilité aux antibiotiques conduisant à une

	inacceptable	interprétation ou un traitement significativement erroné. Résultat clinique pouvant conduire à une erreur majeure de diagnostic et de traitement.
NG		Aucune croissance/ aucun microbe pathogène n'a été isolé
C		Echantillon souillé

Source : Principes et procédures du programme OMS/NICD d'EEQ en microbiologie en Afrique

6. Méthode d'analyse

Les attributs suivants ont été utilisé pour évaluation : Qualité des LCR, délai de transport, aspect macroscopique, numération des leucocytes, formule leucocytaire, coloration Gram, recherche de l'antigène soluble, culture, PCR et compte rendu des résultats.

1. **Qualité des LCR** : Elle a été jugée en fonction des conditions de conservation et de transport. Un LCR est dit adéquat quand il a respecté les conditions de transport (tube pour la cytologie, le Gram, le latex entre 4 et 8°c, TI pour la culture à la température ambiante) et non adéquat s'il n'a pas respecté les conditions de transport (TI inoculé transporté à frais et/ou aéré, tube ou flacon de TI détériorés au cours du transport).

2. **Délai de transport** : Il a été évalué en fonction de l'intervalle de temps entre la date du prélèvement et la date de réception de LCR au laboratoire. Les tubes sont évalués en termes d'heures (maximum 24 heures) et les TI en termes de jours (maximum sept jours).

3. **Examen macroscopique**: Son appréciation a été fait en fonction de la coloration du LCR: clair (limpide, incolore, eau de roche), trouble (eau de riz), hématique (blessure vasculaire), xanthochromique (jaune).

4. **Examen microscopique**

➢ **Numération des cellules** : L'évaluation a été faite à travers les résultats des leucocytes comptés. Dans la majorité de nos laboratoires elle a été effectuée à l'aide de la cellule de Malassez. La cellule est remplie avec du LCR non centrifugé, observée à l'objectif x40 et le résultat est exprimé en leucocytes/mm^3.

Nous avons établi l'interprétation suivante : LCR normal <5 leucocytes/mm^3 et LCR pathologique >= 5 leucocytes/mm^3. Après la numération une partie du LCR est centrifugée pendant 5 minutes à 2000 tours par minute.

Le surnageant récupéré dans un tube à hémolyse stérile et deux frottis sont préparés à partir du culot de centrifugation.

- **Formule leucocytaire** : Elle a été évaluée à partir des résultats des LCR dont les pourcentages de polynucléaires neutrophiles et lymphocytes ont été calculés. Les lames ont été colorées au May Grunwald-Giemsa ou au bleu de méthylène et observées au microscope à l'objectif x100 à immersion.
- **Coloration de Gram** : L'évaluation a été faite à partir des résultats de frottis LCR colorés et lus.

Le second frottis cité ci-dessus a été coloré au Gram et observé au microscope à l'objectif x100 à l'immersion pour déterminer la morphologie des bactéries. Les morphologies suivantes ont été recherchées :

- Diplocoques à Gram négatif en grain de café intra ou extra cellulaires (*Neisseria meningitidis*)
- Diplocoque à Gram positif, capsulé parfois en chaînette *(Streptococcus pneumoniae).*
- Petits bacilles ou coccobacilles Gram négatif *(Haemophilus influenzae).*
- Cocci à Gram positif, en chaînette (Streptocoque B).

5. **Recherche des antigènes solubles** : Elle a été évaluée à travers les résultats de l'agglutination au latex pour les LCR acheminés dans les tubes.

Le surnageant de la centrifugation a été recueilli et la recherche des antigènes solubles effectuée en suivant le mode opératoire du fabricant des kits Pastorex meningitidis.

Réaction négative : la suspension reste homogène et légèrement opalescent

Réaction positive : apparition d'une agglutination (ou d'une agrégation) de particules de latex en moins de 10 mn (R6 : le Méningocoque A, R1 : le méningocoque B/E. coli K1, R7 : le méningocoque C, R4 : le Pneumocoque, R3 : *Haemophilus influenzae b,* R8 : méningocoque Y/W 135, R5 : Streptocoque B).

6. **Culture** : Elle a été évaluée en fonction des résultats obtenus après la mise en culture des LCR : positive (*Neisseria meningitidis* A, Y, W135, *Streptococcus pneumoniae*, *Haemophilus influenzae* b, *Streptocoque* de groupe B et autres germes), négative, contaminée et non faite).

7. **Antibiogramme** : Il a été évalué à travers les résultats de la sensibilité des germes aux antibiotiques (Chloramphénicol 30µg, Oxacilline 1et 5µg) : sensible(S), intermédiaire (I), résistant (R). L'Oxacilline a été testé sur le *Neisseria*

meningitidis et *Streptococcus pneumoniae* pour déduire la sensibilité réduite à la Pénicilline G. La technique utilisée était la méthode de diffusion des disques en milieu gélosé. Les milieux utilisés ont été la gélose de Mueller Hinton 2 (MH2) ou Mueller Hinton au sang frais (*Neisseria meningitidis*, *Streptococcus pneumoniae)* et gélose de Mueller Hinton au sang cuit (*Haemophilus influenzae b)* selon la méthode du comité d'antibiogramme de la Société Française de Microbiologie (CA-SFM) à travers les recommandations de l'OMS.

8. **PCR** : Elle a été évaluée en fonction des résultats de la détection de l'ADN bactérien dans les LCR. C'est une technique de biomoléculaire permettant un diagnostic quasi certain et sans culture. Elle a été introduite en 2008 au Mali et concernait seulement les LCR négatifs à la culture.

9. **Compte rendu des résultats** : Nous avons évalué le feed back des résultats en fonction de l'intervalle entre la réception des LCR au laboratoire et la transmission des résultats :

- résultat préliminaire dans l'immédiat,
-résultat définitif dans trois à quatre jours.

10. **Scores affectés aux attributs**

Les différents scores sont résumés dans le tableau II.

Tableau II: Attributs et scores

Attributs		Scores
Qualité des LCR	Adéquat	1
	Non adéquat	0
Délai de transport	Délai Tube	2
	Délai TI	2
	Retard	0
Aspect macroscopique	Réalisé	1
	Non réalisé	0
Numération cellulaire	Réalisée	1
	Non réalisée	0
Formule leucocytaire	Réalisée	1
	Non réalisée	0
Coloration de Gram	Réalisée	1
	Non réalisée	0
Recherche d'Ag soluble	Réalisée	1
	Non réalisée	0
Culture	Réalisée non contaminée	2
	Réalisée contaminée	1

	Non réalisée	0
Antibiogramme	Réalisé	1
	Non réalisé	0
PCR	Réalisée non contaminée	2
	Réalisée contaminée	1
	Non réalisée	0
Compte rendu des résultats	Immédiat	1
	Complet	2
	Retard	0
Total		**20/20**

Analyse des données a été uni variée et bi variée.

Les proportions, Chi² et les valeurs de P ont été calculés pour ce faire les logiciels Epi Info 3.5.1, Epi 6.04 et Excel ont été utilisés.

III. Résultats

1. Cas suspects de méningite notifiés et ponctions lombaires

Nous avons enregistré 4 382 cas suspects notifiés à la surveillance épidémiologique de la direction nationale de la santé dont seulement 2 567 cas ont fait l'objet de ponction lombaire. Le laboratoire national de référence a reçu et analysé 2 567 LCR dont 1 972 dans le tube et 595 dans le trans-isolate. Le délai moyen de transport a été d'un jour, les échantillons ont été adéquats à 92,70% et non adéquats à 7,30% avec une positivité de 17,10% à l'un des trois tests (Latex, culture et PCR).
La majorité des LCR a été acheminée dans le tube sec soit 76,80% et le traitement antibiotique a été effectué chez 11% des sujets avant la ponction lombaire. Les procédures du traitement de LCR est disponible à 100% mais accessible à 80% dans les laboratoires.

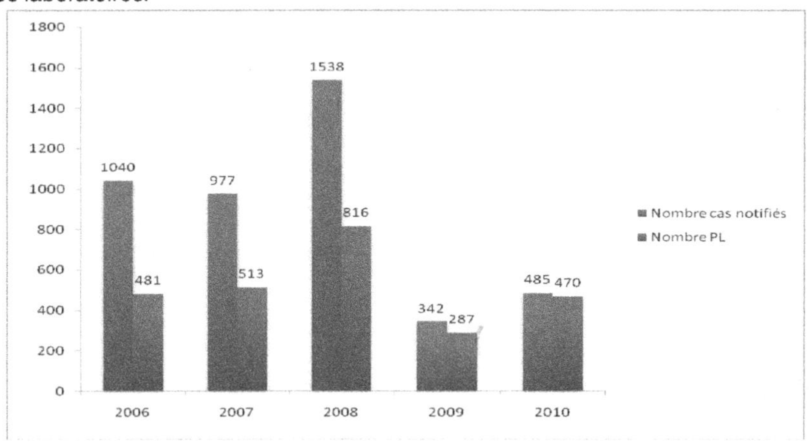

Figure 1 : Répartition du nombre des cas suspects de méningite notifiés et des ponctions lombaires réalisées au Mali de 2006 à 2010

Le plus grand nombre des cas suspects de méningite et des ponctions lombaires ont été enregistrés en 2008.

2. Qualité des LCR au Mali de 2006 à 2010

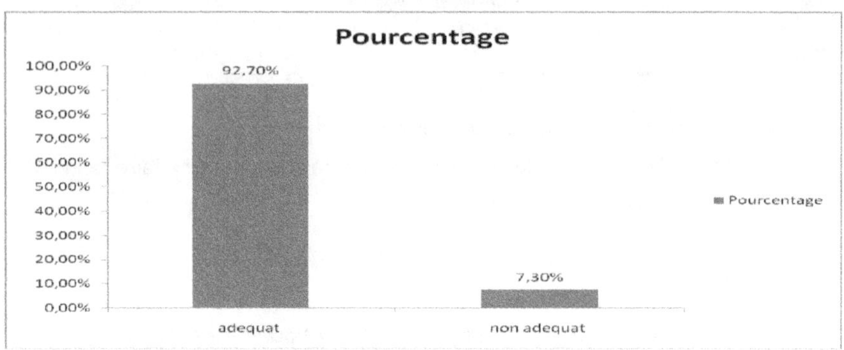

Figure 2: Qualité des LCR au Mali de 2006 à 2010

Les LCR sont adéquats à 92,70% et non adéquats à 7,30%.

3.Délai de transport des LCR au Mali de 2006 à 2010

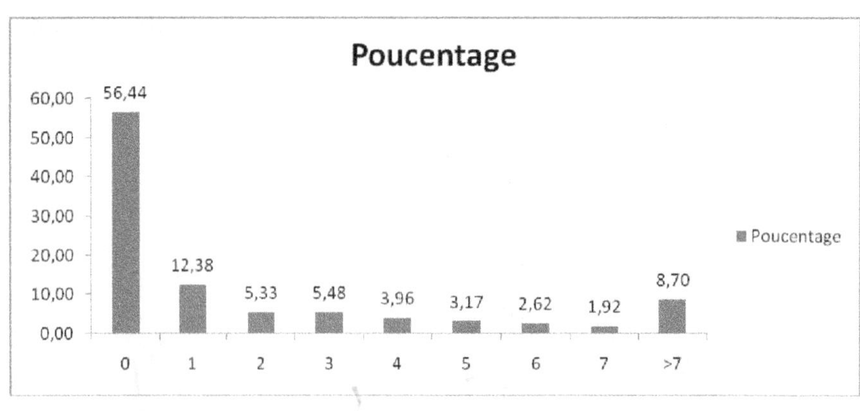

Figure 3: Répartition des LCR selon le délai de transport en jour au Mali de 2006 à 2010

Les prélèvements reçus au LNR à moins de 24 heures représentaient 56,44%.

➢ **LCR en tube**

Tableau III: Répartition des cultures positives de LCR reçus dans les tubes en fonction du délai de transport de 2006 à 2010

Délai de transport	Culture positive	
	Nombre	%
<= 24 heures	96	66,67
> 24 heures	48	33,33
Total	**144**	**100,00**

Environ 67% des cultures positives, les LCR ont été reçus au laboratoire dans un délai de transport de moins de 24 heures.

➢ **LCR en TI**

Tableau IV: Répartition des cultures positives de LCR reçus dans les TI en fonction du délai de transport de 2006 à 2010

Délai de transport	Culture positive	
	Nombre	%
<= 7 jours	100	90,91
> 7 jours	10	9,09
Total	**110**	**100,00**

Environ 91% des cultures positives, les LCR ont été reçus au laboratoire dans un délai de transport de moins de 7 jours.

4.Germes identifiés au Mali de 2006 à 2010

Tableau V: Fréquence des germes identifiés au Mali de 2006 à 2010

Résultat final	Fréquence	pourcentage(%)
Hib	50	9,56
Nm	355	67,88
Spn	102	19,50
Strep B	5	0,96
Autre*	11	2,10
Total	523	100,00

Autres* : *Staphylococcus aureus, Enterobacter, Salmonellae spp, Escherichia coli.*

Neisseria meningitidis prédomine avec 67,88% (355/523).

Tableau VI: Comparaison de l'agglutination au latex à la culture de 2006 à 2010

Culture	Latex							
	_NON FAIT	Hib	Négatif	NmA	NmW135/Y	Spn	StrepB	Total
Autres*	11	0	13	0	0	0	0	24
Contaminée	76	2	34	15	1	8	0	136
Hib	7	14	0	0	0	0	0	21
NmA	78	0	2	98	0	0	0	178
NmW135	1	0	0	0	3	0	0	4
NmY	0	0	0	0	2	0	0	2
Spn	14	0	0	0	0	37	0	51
Stérile	369	21	1604	116	9	27	4	2150
StrepB	0	0	0	0	0	0	1	1
Total	556	37	1653	229	15	72	5	2567

Autres* : *Enterobacter(3), Escherichia coli (4), Salmonellae spp(2), Staphylococcus aureus(2).*

Le latex a été positif pour 116 NmA, 27 Spn, 21 Hib et 4 StrepB qui ont été négatifs à la culture.

Tableau VII: Répartition du résultat de la culture en fonction du délai de transport des LCR reçus dans les tubes de 2006 à 2010

Délai de transport	Culture									
	Autres	**Conta**	**Hib**	**NmA**	**NmW135**	**NmY**	**Spn**	**StrepB**	**Stérile**	**Total**
<= 24 heures	12	24	7	62	0	0	26	1	1467	1599
> 24 heures	1	30	6	27	3	1	11	0	285	364
Total	**13**	**54**	**13**	**89**	**3**	**1**	**37**	**1**	**1752**	**1963**

Conta : Contaminée

La positivité de la culture est élevée dans les échantillons acheminés à moins de 24 heures : NmA (62), suivi de Spn (26) et Hib (7).

Tableau VIII: Répartition du résultat de la culture en fonction du délai de transport des LCR reçus dans les TI de 2006 à 2010

Délai de transport	Culture								
	Autres	**Conta**	**Hib**	**NmA**	**NmW135**	**NmY**	**Spn**	**StrepB**	**Stérile**	**Total**
<= 7 jours	6	62	7	80	0	0	13	0	315	483
> 7 jours	4	20	1	7	1	0	1	0	73	107
Total	**10**	**82**	**8**	**87**	**1**	**0**	**14**	**0**	**388**	**590**

Conta : Contaminée

La positivité de la culture est élevée dans les échantillons acheminés à moins de 7 jours : NmA (80), suivi de Spn (13) et Hib (7).

Tableau IX: Répartition du résultat de la culture selon le traitement antibiotique avant la ponction lombaire de 2006 à 2010

Culture	Traitement avant PL		Total
	Non	Oui	
Autres*	18	6	24
Contaminée	125	11	136
Hib	20	1	21
NmA	168	10	178
NmW135	4	0	4
NmY	2	0	2
Spn	49	2	51
Stérile	1898	251	2149
StrepB	1	0	1
Total	**2285**	**281**	**2566**

La culture positive était plus élevée dans les LCR non traités avant la PL respectivement 168 NmA, 49 Spn, 20 Hib.

Tableau X: Comparaison de la PCR à la culture de 2008 à 2010

PCR**	Culture								
	Autres*	Contaminée	Hib	NmA	NmW135	NmY	Spn	Stérile	Total
_NON FAIT	7	40	6	76	0	2	13	630	775
Hi	0	0	0	0	0	0	0	5	5
Hib	0	1	3	0	0	0	0	4	8
Négatif	8	37	2	22	0	0	4	583	656
Nm	1	3	0	3	0	0	1	9	17
NmA	0	4	0	35	0	0	0	37	76
NmW135	0	1	0	0	1	0	0	3	5
NmX	0	0	0	0	0	0	0	1	1
Spn	0	0	0	1	0	0	3	26	30
Total	**16**	**86**	**11**	**137**	**1**	**2**	**21**	**1298**	**1573**

**PCR appliquée seulement sur les LCR négatifs à la culture de 2008 à 2010

La PCR a détecté 37 NmA, 26 Spn, 4 Hib dans les LCR négatifs à la culture.

5. Comparaison de la conformité des résultats de la coloration de Gram du CSRéf. et de LNR

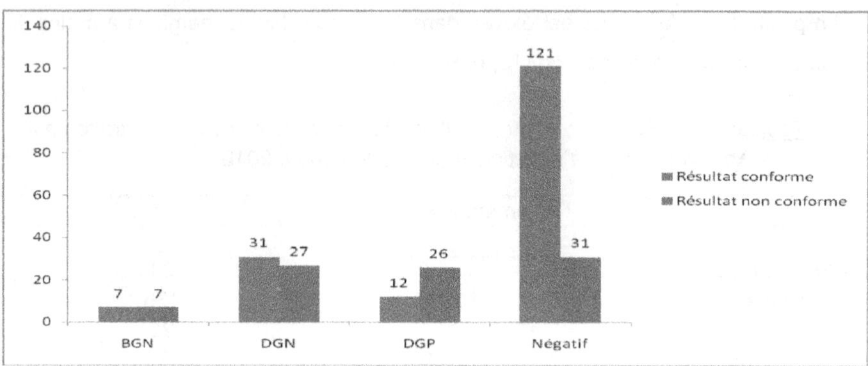

Figure 4 : Comparaison de la conformité des résultats de la coloration de Gram des laboratoires des districts sanitaires et le laboratoire national de référence de la méningite au Mali de 2006 à 2010.

La non-conformité des résultats de la coloration de Gram a été plus élevée avec le diplocoque à Gram Négatif entre les CSRéfs et le LNR.

6. Performances des tests biologiques

Tableau XI: Performance des tests biologiques au Mali de 2006 à 2010

Méthodes	Nombre	Positif	Chi²	P
Gram	2554	450 (17,62%)	62,27	0,000000
Latex	2011	358 (17,80%)	58,85	0,000000
PCR*	798	142 (17,79%)	35,28	0,000000
Culture**	2567	257 (10,01%)	-	-

*PCR appliquée seulement sur les LCR négatifs à la culture de 2008 à 2010.
** Culture : Test de référence

La performance du test de référence (culture) a été de 10,01%.

7. Distribution des LCR selon leur aspect macroscopique et les résultats des tests

Tableau XII: Distribution des LCR selon leur aspect macroscopique et les résultats des tests au Mali 2006-2010

Nombre de LCR	Aspect macroscopique	Examen direct positif	Agglutination positive	Culture positive	PCR* positive	Résultat final**
1123	Clair	14	14	5	19	29
586	Trouble	243	258	13	68	284
206	Hématique	6	10	2	6	15
32	Xanthochromiq	6	5	1	6	6
1947	**Total**	**269**	**287**	**144**	**99**	**333**

*PCR appliquée seulement sur les LCR négatifs à la culture de 2008 à 2010.
**Résultat positif soit au latex, soit à la culture ou soit à la PCR.

Les LCR troubles ont été positifs à 48,46% (284/586), suivi des xanthochromiques 18,75% (6/32).

8. Souches envoyées aux centres collaborateurs de l'OMS

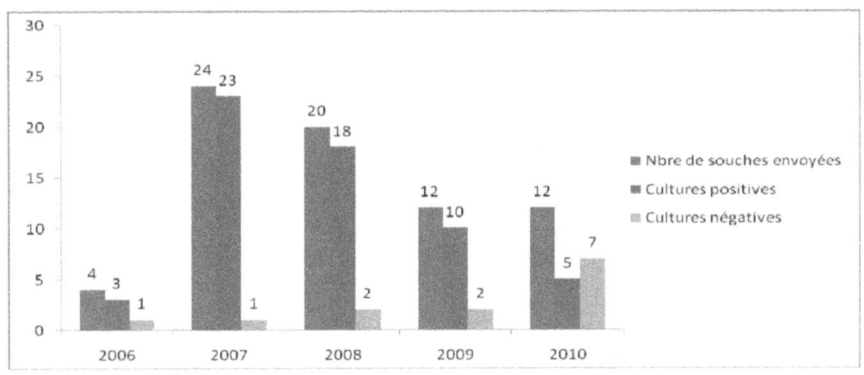

Figure 5 : Fréquence des souches envoyées par le LNR dans les centres collaborateurs de l'OMS de 2006 à 2010

Les centres collaborateurs ont confirmé les mêmes germes identifiés par le LNR.

9.Contrôle de la qualité interne

Les contrôles suivants ont été utilisés selon le test :

- Latex
  - -Contrôle négatif : R2 et R9
  - - Contrôle positif : R10
- Culture et antibiogramme
  - -Souches de Neisseria meningitidis : NmA, NmY, NmW135 ;
  - -Souches de Streptocuccus pneumoniae ;
  - -Souches de Haemophilus influenzae b.
- PCR
  - - Témoins négatifs
  - - Témoins positifs (amorces) :
    - .Neisseria meningitidis : NmA, NmY, NmW135, NmX;
    - .Streptocuccus pneumoniae;
    - .Haemophilus influenzae de type b.

10. Evaluation externe de la qualité

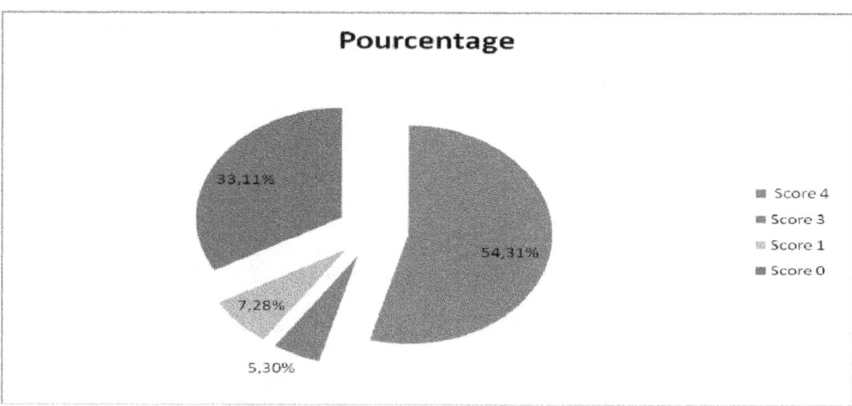

Figure 6 : Scores du LNR pour l'évaluation externe de la qualité de 2006 à 2010

Dans l'évaluation externe de la qualité le LNR a obtenu 54,31% de score 4.

11.Tests de sensibilité aux antibiotiques

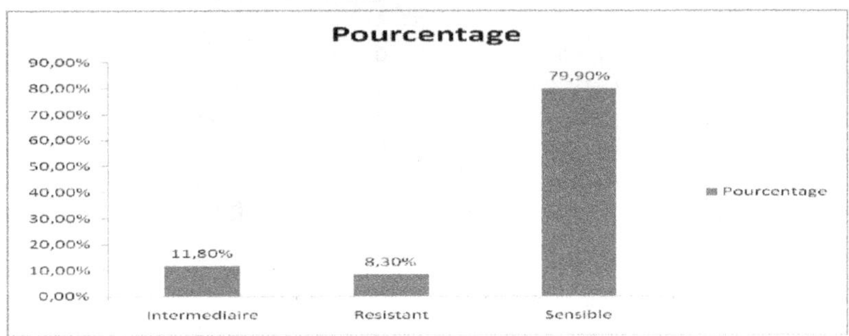

Figure 7 : Test de sensibilité des souches au chloramphénicol

Les souches testées ont été sensibles à 79,90% au chloramphénicol.

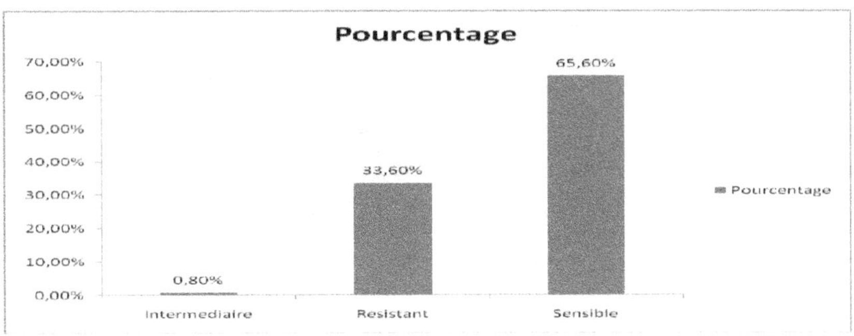

Figure 8 : Test de sensibilité des souches à l'Oxacilline

Les souches testées ont été sensibles à 65,60% à l'Oxacilline.

12.Attributs de l'évaluation

Les résultats de l'évaluation des attributs sont dans le tableau ci-dessous (Tableau XIII).

Tableau XIII: Attributs, scores et notes

Attributs		Scores	Notes
Qualité des LCR	Adéquat	1	0,93
	Non adéquat	0	0
Délai de transport	Délai Tube	2	1,48
	Délai TI	2	1,26
	Retard	0	0
Aspect macroscopique	Réalisé	1	0,99
	Non réalisé	0	0
Numération cellulaire	Réalisée	1	0,96
	Non réalisée	0	0
Formule leucocytaire	Réalisée	1	0,08
	Non réalisée	0	0
Coloration de Gram	Réalisée	1	0,99
	Non réalisée	0	0
Recherche d'Ag soluble	Réalisée	1	1
	Non réalisée	0	0
Culture	Réalisée non contaminée	2	1,9
	Réalisée contaminée	1	0,05
	Non réalisée	0	0
Antibiogramme	Réalisé	1	0,56
	Non réalisé	0	0
PCR	Réalisée non contaminée	2	1,02
	Réalisée contaminée	1	0
	Non réalisée	0	0
Compte rendu des résultats	Immédiat	1	0,65
	Complet	2	1,54
	Retard	0	0
Total		**20/20**	**13,41/20**

Les examens effectués ont eu une note de 13,41/20.

IV. Discussion

Le nombre des cas suspects notifiés a été supérieur au nombre des LCR soit respectivement 4 382 et 2 567 soit un taux de prélèvement de 58,58% de 2006 à 2010. Ceci peut s'expliquer par le fait que dans la surveillance renforcée de la méningite tous les cas suspects ne faisaient pas l'objet de ponction lombaire comme demandé dans la surveillance cas par cas. La proportion des LCR acheminés dans les tubes a été supérieure à celle des TI soit respectivement 76,80% et 23,20%. Cela s'expliquerait par le non disponibilité des TI dans la plupart des centres périphériques. Nos résultats sont proches de ceux de l'étude de Cissouma en 2008 qui a eu 66% de tubes et 34% de TI (Cissouma, 2008). L'antibiothérapie a été réalisée dans 11% des cas chez les sujets avant la ponction lombaire. Ce qui dénote d'une insuffisance d'information et de sensibilisation du personnel pour la prise en charge. Ainsi le traitement antibiotique avant la ponction lombaire que nous appelons méningite décapitée peut être souvent positive au latex mais stérile à la culture. Notre résultat est supérieur à celui de COULIBALY en 2008 ou 5,40% de sujets avaient subi le traitement avant la ponction lombaire (Coulibaly, 2008). La qualité des LCR a été non adéquate dans 7,30% ; ce qui est due à la méconnaissance des conditions de conservation et de transport des LCR dans les tubes et les TI inoculés par du personnel. Selon l'étude de COULIBALY 12% des échantillons étaient non adéquats (Coulibaly, 2008). Ces taux sont élevés car la limité supérieure acceptable par l'OMS est de 3% d'échantillons non adéquats. Les prélèvements ont été acheminés dans 56,44% à moins de 24 heures. Le délai de transport supérieur à sept jours a été observé pour 8,70% des LCR. Ceci pourrait s'expliquer par la longue distance et l'insuffisance de ressource financière. Le délai de transport influence le résultat de la culture parce que les germes de la méningite sont très fragiles. Nos résultats sont différents de ceux de COULIBALY en 2006, qui a eu 78,40% de prélèvements acheminés dans un délai de moins de 24heures (Coulibaly, 2006). Par contre nos résultats sont proches de COULIBALY en 2008, qui a trouvé 41,50% des prélèvements à moins d'un jour et 10,80% des prélèvements étaient supérieurs à sept jours (Coulibaly, 2008). Les germes identifiés par l'un des trois tests (latex, culture, PCR) ont été : *Neisseria meningitidis* (67,88%), *Streptococcus pneumoniae* (19,50%), *Haemophilus influenzae* b (9,56%), *Streptocoque* de groupe B (0,96%) et autres germes (2,10%) (Principalement *Staphylococcus aureus, Escherichia coli, Enterobacter* et *Salmonellae spp*). Parmi les méningocoques, le sérogroupe A était prédominant (95,21%) suivi du sérogroupe W135 (2,25%), du sérogroupe Y (0,56%) et sérogroupe X (0,28%). Cissouma en 2008 a eu 91,11% de *Neisseria méningitidis ;* 4,44% *de Streptococcus pneumoniae* et 4,44% *Haemophilus influenzae* b (Cissouma, 2008).

Le Latex a été fait sur 2011 échantillons dont 358 positifs soit un taux de positivité de 17,80%. La culture a été positive dans 10,01% (257/2567). Nous avons trouvé une différence statistiquement significative (X^2=58,85 et P=0,000000).
A la culture 89,32% (251/281) des échantillons qui ont subit un traitement antibiotique avant la ponction lombaire ont été stériles. Nous avons trouvé une différence statistiquement significative (X^2=10,17 et P=0,001426).
La PCR a été faite sur 798 échantillons dont 142 positifs soit un taux de positivité de 17,79%. La culture a été positive dans 10,93% (172/1573). Nous avons trouvé une différence statistiquement significative (X^2=21,68 et P=0,000003).
Dans la surveillance renforcée de la méningite l'aspect macroscopique, la numération cellulaire et la coloration de Gram étaient réalisés au niveau périphérique. Ce pendant les résultats de la coloration de Gram au niveau périphérique et au niveau central ont été conformes à 65% et non conformes à 35%. La non-conformité pour le bacille Gram négatif (BGN) a porté sur sept lames lues au niveau périphérique mais au niveau central les résultats ont été un (1) diplocoque Gram positif (DGP), trois (3) diplocoques Gram négatif (DGN) et trois (3) résultats négatifs. Pour le diplocoque Gram négatif (DGN) c'était 27 lames lues au niveau périphérique mais au niveau central les résultats ont été quatre (4) DGP et 23 résultats négatifs. Pour le diplocoque Gram positif (DGP) c'était 26 lames lues au niveau périphérique mais au niveau central les résultats ont été un(1) DGN, un (1) cocci Gram positif (CGP), trois (3) BGN et 21 résultats négatifs.
Performance des tests biologiques, la coloration de Gram est l'élément de base en bactériologie qui permet d'avoir la morphologie de l'agent pathogène. Elle a été réalisée sur 2554 LCR avec une positivité de 17,62% (450/2554).
La recherche de l'antigène soluble est un test rapide qui permet un diagnostic présomptif du germe en cause et oriente la prise en charge avec les résultats préliminaires. Le latex peut détecter l'antigène soluble même si le germe est mort.
Il a été réalisé sur 2011 LCR avec une positivité de17, 80% (358/2011).
Limite du test : La technique immunologique au latex permet dans de nombreux cas un diagnostic présomptif du germe en cause. Cependant, la concentration en antigène de l'échantillon peut être inférieure au seuil de détection du kit et donner un résultat négatif dit « faux négatif ». Il est utile, dans ce cas, de répéter le prélèvement ultérieurement. Le latex ne peut pas différencier NmY et NmW135.
En conséquence, cette technique ne saurait remplacer la culture qui, seule permet la

réalisation d'un antibiogramme. La culture a été réalisée sur l'ensemble des LCR avec une positivité 10,01% (257/2567). Le taux de contamination s'élevait à 5,30% (136/2567). L' antibiogramme a été réalisé sur 56,03% (144/257) des souches isolées. La PCR est une technique biomoléculaire permettant un diagnostic quasi certain que la bactérie soit vivant ou morte. Ce pendant elle coûte chère par rapport à la culture. Introduite en 2008, la PCR était appliquée seulement sur les LCR négatifs à la culture. Sur un total de 798 LCR négatifs à la culture la PCR a détectée 17,79% (142/798) de positivité. Nous avons trouvé une différence statistiquement significative entre les tests (Gram, Latex et PCR) et la culture (Chi^2 : 62,27 ; 58,85 ; 35,28 et p=0,000000). Sperber et al ont trouvé les performances suivantes : examen direct positif 39,2%(47/120), antigène soluble positif 30,8% (37/120), culture positive 34,2% (41/120) et 48,3% (58/120) de positivité pour l'un de trois tests (Sperber, 1988). Au Centre Muraz de Bobo-Dioulasso, Burkina Faso, en 2004, parmi les 560 cas confirmés par la PCR, 383 cas ont bénéficié d'une culture et seulement 68,67 % (263/383) étaient positives dont 51,71 % (136/263) Nm, 37,64% (99/263) Spn
et 10,65 %(28/263) Hi (Berthe et al, 2004). Dans les conditions actuelles en Afrique subsaharienne, nous observons que la PCR est performante et permet d'identifier davantage d'agents étiologiques des méningites bactériennes aiguës (MBA) par rapport à la culture (Massenet, 2009). La PCR a détectée plus dans les LCR clair que les deux autres tests car même si c'est le début de la maladie la présence de l'ADN bactérien est révélée. Il faut signaler que la PCR était appliquée seulement sur les LCR négatifs à la culture de 2008 à 2010. Respectivement nous avons une positivité (à l'un des trois tests latex, culture et PCR) de 2,58% (29/1123) de LCR clair ; 48,46% (284/586) de LCR trouble ; 2,28% (15/206) de LCR hématique ; 18,75% (6/32) de LCR xanthochromique. L'étude de Sperber et al. a donné les résultats suivant : une positivité de 23,6% (17/72) de LCR clair et 85,4% (41/48) de LCR trouble/purulent (Sperber, 1988). Sétie a trouvé dans son étude 62,4% de LCR clair, 25,6% de LCR trouble, 9,6% de LCR hématique et 2,4% xanthochromique (Coulibaly, 2006). Un total 87souches ont été envoyées par le LNR au « Multi-Disease Surveillance Center » MDSC de Ouagadougou pour le contrôle de qualité et au Centre de Référence et de Recherche sur la méningite de l'Institut de Santé Publique d'Oslo- Norvège pour la détermination de la CMI des antibiotiques par E-test, la caractérisation des sérotypes, sous types et séquence type (ST). La culture a été positive à 81,94% et négative à 18,06% mais confirmée par la PCR.

Les cultures stériles peuvent être s'expliquer par les conditions de conservation et transport. Les méningocoques ont été sérotypés :

-sérogroupes NmA:76, sérogroupes NmW135 : 6 et sérogroupes NmY : 5 ;

-sérotypes 21 :75 et sérotypes 2a : 2 ;

-subtypes P1.20,9 : 73, subtypes P1.5 : 5 et subtypes P1.5,2 : 6

-séquences types 2859 : 56, séquences types 7 : 7, séquences types 11 : 6, séquences types 767 : 4 et séquences types 192 :1

-Complex: ST-5 Complex: 64, ST-167 Complex: 4 et ST-11 Complex: 6.

Nos résultats sont proches à ceux de Guindo et al en 2010, au Mali, dont le génotypage des 33 souches de *Neisseria meningitidis* a montré trois complexes clonaux, notamment le complexe ST-5 de sérogroupeA avec les séquences types ST-7et ST-2859, le complexe ST-11 de sérogroupe W135 avec la séquence type ST-11 et le complexe ST-167 de sérogroupeY avec les séquences types ST-167 et ST-192 (Guindo, 2010). Selon le rapport de NICOLAS dans ces dernières années ce sont des souches A, appartenant au complexe ST-5 (cc5) et W135 appartenant au complexe ST-11 (cc11), qui ont été les plus fréquemment en cause dans les cas sporadiques de méningite à méningocoques et les épidémies au niveau des pays appartenant à la ceinture de la méningite (Nicolas, 2008).

La détermination de la CMI a donné les résultats suivants : au Chloramphénicol (CMI compris entre 1,0 à 1,5mg/l), au Ceftriaxone (CMI<0,002 à 0,003 mg/l), à la pénicilline G (CMI<0,125 mg/l). Les souches ont été résistances aux sulfamides.

Nos résultats sont proches à ceux de NICOLAS en 2007, les CMI du Chloramphénicol sont comprises entre 0,5 et 1 µg par ml, la CMI 50 est de 0,75 µg/ml. Les méningocoques en provenance d'Afrique reçus à Marseille, étaient sensibles au Chloramphénicol, ce qui autorisait l'utilisation du Chloramphénicol huileux pour le traitement des malades dans le cadre des épidémies de méningite à méningocoques (Nicolas, 2008). Le contrôle de la qualité interne permet la surveillance en continue de la qualité du processus analytique des différents tests.

- Latex

-Réactifs latex de contrôle négatifs R2 est utilisé pour le méningocoque B/*Escherichia coli* K1 (R1) ;

-Réactifs latex de contrôle négatifs R9 est utilisé pour *Haemophilus influenzae b* (R3), le Pneumocoque (R4), le Streptocoque B (R5), le Méningocoque A (R6), le méningocoque C (R7), le méningocoque Y/W 135 (R8) ;

-Réactifs de contrôle positif (polyvalent) à reconstituer R10 est utilisé pour l'ensemble des germes.

- Culture et antibiogramme

Les souches de référence ont été utilisées pour contrôler l'isolement, l'identification, la contamination et l'interprétation des tests de sensibilités des antibiotiques : sensible (S), Intermédiaire (I) et Résistant (R).

- PCR

Les amorces de référence ont été utilisées pour contrôler l'identification et la contamination. Le contrôle de la qualité interne permet la surveillance constante et la documentation de la qualité des processus analytiques.

Il doit garantir des résultats d'analyses fiables, qui seront utilisés à des fins diagnostiques et thérapeutiques (Hanseler).

Score : La note totale de qualité attribuée selon le système de score établi a été 13,41/20 correspondant à une qualité moyenne des activités soit 67,05% de bonne réalisation. Les résultats de LNR ont été classés selon les scores suivants:

-score 4 : 82 résultats ont été acceptés par le comité comme étant une réponse correcte, tant en terme de taxonomie actuelle qu'en terme de cohérence clinique.

-score 3 : 8 résultats ont eu une erreur de taxonomie ou de sensibilité aux antibiotiques, généralement au niveau de l'espèce, techniquement incorrecte, mais qui aurait eu un petit impact ou pas d'impact au niveau clinique.

Il s'agit d'une imprécision par rapport à ce qui est considéré comme étant le résultat le plus pertinent cliniquement parlant, et qui pourrait poser quelques petites difficultés dans l'interprétation du compte-rendu.

-score 1 : 11 résultats ont eu une erreur de taxonomie, avec un problème au niveau de l'espèce, et qui pourrait avoir des conséquences au niveau de l'interprétation clinique et d'un éventuel traitement en découlant ou une erreur majeure de sensibilité aux antibiotiques ou un résultat clinique pouvant conduire à une erreur de diagnostic et de traitement.

- score 0 : 50 résultats ont eu une erreur de taxonomie portant sur le genre et espèce, ou erreur majeure de sensibilité aux antibiotiques conduisant à une interprétation ou un traitement significativement erroné.

- Microscopie : score 4 (11), score 3 (0), score 1 (0) et score 0 (7)
- Culture et identification : score 4 (28), score 3 (3), score 1 (4) et score 0 (9)
- Sérotypage : score 4 (11), score3 (0), score 1 (1) et score 0 (13)

- Sélection des antibiotiques: score 4 (19), score 3 (2), score 1 (1) et score 0 (9)
- Sensibilité des antibiotiques: score 4 (12), score3 (4),score1 (5) et score0 (12).

Les souches isolées ont été sensibles à 79,90% au Chloramphénicol et 65,60% à l'Oxacilline. Les résistances et les intermédiaires peuvent être expliqués par qualité et/ou l'épaisseur du milieu, la qualité de l'eau physiologique et la qualité des disques utilisées. Selon le score établi, une note de 13,41/20 a été obtenue ; cette qualité moyenne est due à la non réalisation de la formule leucocytaire dans la quasi-totalité des LCR troubles, au non-respect du délai de transport pour certains LCR (Tubes, TI), à la faible réalisation de l'antibiogramme sur les souches isolées et taux élevé de la contamination à la culture.

V. Conclusion

Au terme de cette étude nous aboutissons aux conclusions suivantes :

Le LNR a reçu et analysé 2 567 LCR sur 4 382 cas suspects notifiés dont 1 972 dans le tube et 595 dans le TI. Le délai moyen de transport a été d'un jour, soit 56,44% des prélèvements ont été acheminés en moins de 24 heures et 8,70% des prélèvements ont eu un délai de transport supérieur à sept jours. Les échantillons ont été adéquats à 92,70% et non adéquats à 7,30% avec une positivité de 17,10% à l'un des trois tests (Latex, culture et PCR). Les germes identifiés ont été : *Neisseria meningitidis* (67,88%), *Streptococcus pneumoniae* (19,50%), *Haemophilus influenzae* b (9,56%), *Streptocoque* de groupe B (0,96%) et (2,10%) d'autres germes (principalement *Staphylococcus aureus*, *Escherichia coli*, *Enterobacter* et *Salmonellae spp*). La performance des tests biologiques (Gram, Latex et PCR) a été presque égale (17,70% de positivité) sauf la culture (10% de positivité).

Les résultats de la coloration au Gram au niveau périphérique comparés aux résultats du niveau central ont été conformes à 65% et non conformes à 35%. Les résultats des cultures positives pour les souches envoyées aux centres collaborateurs ont été les mêmes à 100%. Les souches ont été sensibles au Chloramphénicol, à la Pénicilline G et résistantes aux sulfamides. Dans l'évaluation externe de la qualité les résultats de LNR ont été classés selon les scores suivants: score 4 (54,30%), score 3 (5,30%), score 1 (7,28%) et score 0 (33,11%). Oui, un diagnostic de qualité est réalisé dans les laboratoires pour la confirmation de la méningite. La note de qualité des examens bactériologiques de la méningite au Mali attribuée selon le score a été 13,41/20 soit 67,05% des examens a été de bonne qualité. Ces résultats montrent que la qualité des examens de bactériologie dans le diagnostic des méningites au Mali est de qualité moyenne selon la grille adoptée. Cependant certaines activités doivent être renforcées notamment la réalisation de la formule leucocytaire au niveau périphérique et central ; le transport des LCR ; la réalisation de l'antibiogramme sur les souches isolées.

VI. Recommandations

Au terme de notre étude, nous avons formulé quelques Recommandations:

- **Aux Médecins des districts sanitaires**

- Renforcer la capacité des infirmiers chefs de poste par une formation continue à la technique de ponction lombaire et la gestion des échantillons ;
-Remplir correctement la fiche de notification individuelle ;
-Respecter le délai de transport des échantillons ;
-Réaliser les tests simples (Aspect, cytologie et latex) au laboratoire des districts.

- **Au Directeur de l'INRSP**

-Rendre disponible les tubes et T-I à tous les districts sanitaires pour améliorer le taux d'acheminement des échantillons de LCR ;
- Rendre disponible la directive technique d'utilisation des TI à tous les districts ;
-Elaborer/rendre disponible à tous les niveaux les directives de laboratoire pour la collecte, l'acheminement et le traitement des échantillons de LCR ;
- Diagnostiquer tous les LCR par la PCR pour une amélioration de la confirmation au laboratoire ;
-Mettre sur pied l'assurance qualité pour l'amélioration des résultats ;
-Améliorer la rétro information.

- **Au Directeur de la DNS et aux Partenaires**

-Impliquer davantage le laboratoire dans la confirmation des cas de méningite ;
-Redynamiser le système d'acheminement des LCR au LNR pour tous les cas suspects de méningite, le plus rapidement possible.

VII. Référence

1. ABDOU M. : Stratégie de surveillance de la méningite au laboratoire national de référence de l'INRSP avant l'introduction du vaccin conjugué A, Thèse de pharmacie, Université de Bamako, Mali, 2010, N°98, 70 P.

2. BADANG A. : Etude rétrospective de la méningite cérébrospinale de 1996-2000 dans le district de Bamako, Thèse de médecine, Université de Bamako, 2002, N°82 , 101 P.

3. BENTHAM J. et al. : Anatomie des niveaux d'organisation du cerveau. http://www.lecerveau.mcgill.ca/flash/i/i_01_cr_01_cr_ana/i_01_cr_ana.html. (03/10/2011)

4. BERNARD I.: Les méningites bactériennes, progrès dans le développement de vaccins : Global Programme for vaccines and immunization, Keneya, 2009, 64 P. http://www.keneya.net/fmpos/thèses/2006/pharma/pdf/06p64pdf (25/10/2011)

5. BERTHE M., TRAORE Y., AGUILERA J.et al. : Contribution de la PCR à la surveillance microbiologique et épidémiologique des méningites bactériennes aiguës en Afrique à propos de l'expérience d'un transfert de technologie réussi au Centre Muraz de Bobo-Dioulasso, Burkina Faso, 2004, 8 P.

6. BOUKENEM Y. : Activité antibactérienne comparée de quatre antibiotiques de la famille des béta –lactamines sur 100 souches de Neisseria meningitidis sérogroupes A isolés au Mali, Thèse de pharmacie, Université de Bamako, 1997, N° 72, 80 P.

7. CISSOUMA N. : Mise en place d'une « technique Polymerase chain reaction » (PCR) pour le diagnostic de la méningite cérébro-spinale à l'institut national de recherche en santé publique (INRSP) à Bamako, mémoire de DEA, l'université de Bamako, Mali, 2008, 79 P.

8. COULIBALY S. : Rapport du Rôle du laboratoire national de référence dans le diagnostic de la méningite au Mali de janvier 2007 au juin 2008, Mali, 2008,49 P.

9. COULIBALY Sétie : Evaluation d'un milieu de transport du LCR pour confirmation des méningites bactériennes, Thèse de pharmacie, Université de Bamako, Mali, 2006, N° 4 1, 107 P.

10. DUVAL J. et SOUSSY C.J. : Antibiothérapie - bases bactériologiques pour l'utilisation des antibiotiques, Masson, troisième édition, 2005, 175 P.

11. Gloria W., JAMES C., PEGGY S., et al.: Trans-Isolate Medium : a new medium of primary culturing and transport of *Neisseria meningitidis ,Streptococcus pneumoniae* and *Haemophilus influenzae,*68 P. http://www.ncbi.nlm.nih.gov/pmc/articles (22/10/2011)

12. GUESSON R., DOSSO M., KACOU A et al. Réseau de surveillance des résistances microbiennes : méningites et infections respiratoires aigües, 2002, 6 P.

www.Pasteur international.org/.../projet4.html (28/03/ 2011)

13. GUINDO I., COULIBALY A., DAO S.et al.: Clones des souches de *Neisseria meningitidis*, Mali, août 2010, 8 P.

14. HANSELER E., BILLE J., DEOM A.et al.: Directives pour le contrôle de qualité interne, Allemagne, version 1.10, 20 P.

15. KANTE T. : Bilan des activités de laboratoire national de référence au Mali du 01 janvier 1996 au 30 décembre 2005, Thèse de pharmacie, Université de Bamako, Mali, 2008, N° 52, 75 P.

16. KOUMARE B., BOUGOUDOGO F., DIARRA L.et al. : *Neisseria meningitidis* du sérogroupe A clone III-1 responsable de la récente épidémie de méningite survenue au Mali, Mali médical Tome XI N°1 -2, 1996, 33-36 P.

17. MASSENET D. : Lutte contre les méningites à méningocoques au Nord Cameroun, 2009, 16P.

http://www.u.bordeaux2.medtrop.org/ (20 /03/ 2011)

18. MINISTERE DE LA SANTE /OMS : Méningite au Mali_ Directives Techniques Nationales, nombre ,2009.

19. MINISTERE DE LA SANTE DU MALI/OMS/CDC: Guide technique pour la surveillance intégrée de la méningite et la riposte(SIMR) au Mali, juin, 2008, 283 P.

20. NASSIF X., HASBOUN D., BRICAIRE F.et al. : Les méningites : primitives et secondaires, Paris, 1995, 22 P.

21. NIANTAO A. : Etude prospective sur l'épidémiologie de la méningite cérébrospinale au Mali, Thèse Médecine, Université de Bamako, 2007, N° 10, 65 P.

22. NICOLAS P. et CAUGANT D.A. : L'épidémiologie moléculaire des méningocoques, Marseille, 2002, 3 P.

23. NICOLAS P., FRAISER C., STOR R.et al. : Rapport d'activité pour l'année 2007, IMTSSA/MENINGO N°6 03, juin 2008, France, 20 P.

24. OMS : Manuel de Sécurité Biologique en laboratoire, Troisième édition, Genève, 2005, 9-25 P.

25. OMS : Méningite à méningocoques, aide mémoire N°1 41 ; mai 2003.

http://www.who.int/mediacentre/factcheets/2003/fs141/fr (21/10/2011)

26. OMS : Principes et procédures du Programme OMS/NICD d'Evaluation Externe de la Qualité en microbiologie en Afrique, années 1à 4, 2002-2006, 191 P.

27. OMS : Programme d'évaluation externe de la qualité en microbiologie des maladies Transmissibles.
http://whqlibdoc.who.int/hq/2007/who_CDS_EPR-LYO-2007.3.fre.pdf (24/10/2011)

28. OMS : Projet vaccin méningite chronologique, éliminer les épidémies de méningite en tant que problème de santé publique en Afrique sub-saharienne.
http://www.meningvac.org/fr/timeline.php (25/10/2011)

29. OMS : Techniques de laboratoire pour la confirmation des épidémies de méningite, cholera et dysenterie bacillaire, 1999, 76 P.

30. OMS : Techniques de laboratoire pour le diagnostic des méningites à *Neisseria meningitidis*, *Streptococcus pneumoniae* et *Haemophilus influenzae* b, 1,73-79 P.

31. OMS : Procédures opérationnelles standards pour la surveillance renforcée de la méningite en Afrique, version française, 2008, 23 P.

32. OMS/CDC/MINISTERE DE LA SANTE DU MALI : Directives techniques pour la confirmation des maladies à potentiel épidémique au laboratoire, Mali, avril 2005, 52 P.

33. OMS/MINISTERE DE LA SANTE DU MALI : Guide national de surveillance cas par cas des méningites bactériennes au Mali, août, 2010, 65 P.

34. OMS: Collection and transport of sterile-site specimens, 68P.
http://www.who.int/csr/ressources/publications/drugresist/VAMRManuel.pdf (02/11/2011)

35. OMS : Guide technique méningite, 6 P.
www.who.int/hac/tcd/chad_guide_technique_meningite.pdf (22/07/2011)

36. POPOVIC T., AJELLO G., FACKLAM R.et al. : Techniques de laboratoire pour le diagnostic des *meningitis* à *Neisseria meningitidis, Streptococcus pneumoniae* et *Haemophilus influenzae*, Atlanta, 1999, 83 P.

37. ProMED-mail : Programme de la société internationale pour les maladies infectieuses, Burkina Faso-Méningite, 2011.
http://www.flutrackers.com/from/showthread.php?p=393567 (25/10/2011)

38. QUAGLIARELLO V., LONG W.et SCHELD W. : Morphologic alterations of the blood brain barrier with experimental meningitis in the rat.

39. RAULT P. : Méningites bactériennes et virales.
www.Pasteur_international.org/.../projet4.html (28/03/ 2011)

40. ROBBINS J., SCHNEERSON R.et GOTSCHLICH E. : Surveillance for Bacterial Meningitis by Means of Polymerase Chain Reaction, America, 2005, 3 P.

41. SIDIKI A., SIDIKOU F., SIDIKOU B.et al. : Rapport d'enquête microbiologique et l'épidémie de méningite à *Neisseria meningitidis* du sérogroupe A, Niger, 2009, 18 P.

42. SPERBER G., SPIEGEL A., BAUDON D.et al. : Etude comparative de trois examens bactériologiques de la méningite cérébrospinale en période épidémique, Tchad, 1988, 4 P.

43. TANJA P., AJELLO G., FACKLAM R.et al. : Techniques de laboratoire pour le diagnostic des méningites à *Neisseria meningitidis, Streptococcus pneumoniae et Haemophilus influenzae*, CDC/Atlanta, Etats- Unis d'Amérique, 2000, 73 P.

44. Temporal sequence and role of the encapsulation. J Clin Invest., 2006, 77-95 P.

45. Union Européenne/Fondation Mérieux/Ministère de la santé du Mali : Guide de Bonne Exécution des Analyses (GBEA) dans les laboratoires d'analyses médicales du Mali, octobre 2008, 36 P.

46. WHO: Disease out breaks reported 17 may 2002 meningococcal disease in Burkina Faso update 6.
http://www.who-int/emc-documents/meningitis (20/10/2010)

Annexe I

Fiche de collecte de l'évaluation de la qualité des examens bactériologiques dans la surveillance de la méningite au Mali de 2006 à 2010

I-STRUCTURE

Date /__/__/__/__/__/__/ Année : /_ __/

Structure sanitaire : ______________________________

Noms des évaluateurs : ____

II-IDENTIFICATION/CARACTERISTIQUE DU MALADE

Nom : ______ Prénom : _____ Age : ____ Sexe : ____ Résidence : ___________

Statut vaccinal : Vacciné /_/ Non vacciné /_/ Inconnu /_/ Type de vaccin : ____

Date début de la maladie : /__/__/__/ Date de consultation : /__/__/__/

Echantillon prélevé : Oui /_/ Non /_/ Date de prélèvement : /__/__/__/

Date de réception du prélèvement au labo : /__/__/__/

Qualité du prélèvement : Adéquat /__/ Non adéquat /__/

Prélevé avant le traitement antibiotique : Oui /__/ Non /__/

III-EXAMEN DE LABORATOIRE

Milieux du transport : Tube sec /_/ Trans-Isolate /_/ Tube et T-I /_/

Aspect macroscopique : Clair /_/ Trouble /_/ Purulent /_/ Hématique /_/ Xanthochromique /_/

Cytologie : Nombre de leucocytes /___/ Nombre d'hématies /___/

Formule leucocytaire : /___/ %PNN /___/% lymphocyte

Coloration au Gram : DGN /_/ DGP /_/ BGN /_/ BGP /_/ CGP/_/ Négatif /_/ Non Faite /_/

Agglutination au Latex : NmA /_/ NmY/W135 /_/ NmB/E.coli /_/ NmC /_/ Hib /_/ S.pn /_/ Strep B /_/ Négatif /_/ Non Faite /_/

Culture : NmA /_/ NmY/_/ NmW135 /_/ NmC /_/ Hib /_/ S.pn /_/ Strep B /_/ Autres /_/ Stérile /_/ contaminée /_/ Non Faite /_/

PCR : NmA /_/ NmY/_/ NmW135 /_/ NmB NmC /_/ NmX /_/ Hib /_/ S.pn /_/ Strep B /_/ Stérile /_/ Autres /_/ Non Faite /_/

Antibiogramme : Sensible (S): /___/ Intermédiaire (I): /__/ Résistante (R) : /___/

IV-EVOLUTION /OBSERVATION

Evolution : Guéri /_/ Transféré /_/ évadé /_/ Décédé /_/ Inconnu /_/

Observation :____

Délai de transport : /___/jours

Commentaire: ____

V-Souches envoyées aux centres collaborateurs de l'OMS

Nombre de souches envoyées /____/ Nombre de culture positive /_____/

Nombre de culture négative /_____/

Nombre de culture négative confirmée par la PCR /_____/

Sérogroupe :_______ , sérotype :_________,Subtype :_________,

séquence type :__________, Complex :___________

Concentration minimale inhibitrice (CMI) :

Sensible(S) : /___/ Intermédiaire (I) : /___/ Résistante (R) : /__/

VI-Evaluation externe de la qualité (EEQ) :

Nombre d'évaluation /___/

Nombre de score obtenu par type d'analyse :

-Examen microscopique : Score 4 /__/ score 3 /__/ score 1 /__/ score 0 /__/

-Culture et identification : Score 4 /__/ score 3 /__/ score 1 /__/ score 0 /__/

-Sérotypage : Score 4 /__/ score 3 /__/ score 1 /__/ score 0 /__/

-Sélection des antibiotiques : Score 4 /__/ score 3 /__/ score 1 /__/ score 0 /__/

-Sensibilité aux antibiotiques : Score 4 /__/ score 3 /__/ score 1 /__/ score 0 /__/

Annexe II

Instruction d'utilisation du milieu de transport trans-isolate (T-I)

1. Méthode d'inoculation du milieu T-I :

1.1 Retirer le flacon de Trans-Isolate(T-I) du réfrigérateur au moins 30minutes avant d'inoculer le prélèvement de LCR. Ceci permet de réchauffer le flacon à température ambiante et favorise la prolifération des organismes.

1.2 Avant inoculation, regarder s'il ya une prolifération microbienne visible dans le flacon ou si le milieu est trouble. En cas de prolifération visible ou turbidité, jeter le flacon car il peut être contaminé.

1 -3 Soulever l'opercule situé au milieu de la capsule métallique fermant le flacon de T-I.

1-4 Désinfecter le bouchon du flacon de T-I à l'alcool à 70°c ou à l'iodine. Laisser sécher (30à60 secondes en général).

1 -5 Aspirer 0,5 à 1ml du tube contenant le LCR, à l'aide d'une seringue et d'une aiguille stériles (21G de préférence).

1 -6 Injecter le LCR dans le flacon de T-I à travers le bouchon désinfecté et sec.

2. Transport et incubation des flacons de T-I :

La procédure a suivre dépendra du temps nécessaire pour que le flacon de t-i arrivent au laboratoire de référence ou la culture et l'isolement seront effectuées.

Si les flacons de T-I ne peuvent pas arriver au laboratoire de référence en moins de 24 heures.

3. Étiqueter le flacon de T-I avec l'identité du malade, le numéro d'échantillon et la date.

4. Ventiler le flacon de T-I au moyen d'une grosse aiguille cotonnée stérile. L'aiguille ne doit pas toucher le milieu de culture.

5. Conserver le flacon debout à température ambiante. Éviter la lumière directe, la chaleur excessive et la poussière.

6. Avant de transporter le flacon, retirer l'aiguille cotonnée. Ceci évitera des fuites et la contamination pendant le transport.

7. Assurer le transport dans un emballage clos réduisant au minimum les risques de contamination (pochette plastique) et joindre la fiche de notification.

Si les flacons de T-I peuvent arriver au laboratoire de référence en moins de 24 heures :

8. Etiqueter le flacon de T-I avec l'identité du malade, le numéro d'échantillon et la date.

9. Envoyer les T-Is sans ventilation.

10. Assurer le transport dans un emballage clos réduisant au minimum les risques de contamination (pochette plastique) et joindre la fiche de notification.

NB : Recommandations additionnelles sur l'utilisation et la ventilation des flacons de T-I :

- La durée d'utilisation des flacons de T-I est d'au moins 1 an après la date de production, pour autant qu'ils soient conservés au réfrigérateur.
- Le milieu T-I est détruit par la congélation.
- Les flacons de T-I non utilisés doivent être transportés en maintenant la chaîne du froid.
- Des études (voir réf. ci-dessous), on montré que la ventilation des flacons permettait de limiter à 20-25% l'absence de prolifération, 2 à 4 semaines après inoculation du flacon avec le LCR (de malades présentant une méningite bactérienne aiguë). Sans la ventilation des tubes ces pertes ont été bien plus importantes.
- La contamination est le problème le plus important. Il est donc indispensable d'appliquer des mesures d'asepsie et de bien comprendre les risques encourus pour obtenir de bon résultat.

www.ingramcontent.com/pod-product-compliance
Lightning Source LLC
Chambersburg PA
CBHW020317220326
41598CB00017BA/1588

* 9 7 8 3 8 3 8 1 4 8 7 1 7 *